JN062486

はじめに

本書を手に取られた方は、おそらく農業ビジネスに対して、いくばくかの興味はお持ちだろうと思います。何かしらの志をもって専門分野を履修している人もいれば、漠然とした夢を描いている人もいるかもしれません。いずれにせよ、すでに農業を身近に感じている方が多いのではないかと思います。

しかし私の場合、農業ビジネスの出発点に「農業」という文字はひとかけらも入っていませんでした。30年以上もまったく興味をもっていなかったのです。

私はマーケッターでした。農業とその商材である農作物は、数あるビジネスマーケットのひとつにすぎませんでした。しかも、ずっと農業と縁のない世界にいて、専門知識もまったくない状態でした。よく知らない者にありがちな、農業を神格化させたイメージすらもっていました。自然環境に対して気構えてしまい、高い知識や技術力をもっていないと取り組んではいけないものと感じていたところもあったくらいです。

本書は、このような状態からスタートしたビジネスマーケッターがなぜ農業にたどりついたのか、また、どのように農業をビジネスとして広く展開することができたのか、その経験とノウハウをまとめたものです。

自然環境を相手にする農業はハプニングの連続です。実際のところ、ほんとうにいろいろな問題が後から後から押し寄せました。そうした困難にも、アイデアと創意工夫、仲間を巻き込んで力を高めあう編集力で、新しいビジネスモデルの構築にもっていくことができました。

農業ビジネスには大きな可能性があります。そして今思うのは、そのときどきに行っていた試行錯誤は、どの分野の起業でも基本は同じだったのではないかということです。農業ビジネスと出合うまで――いや、出合ってからも、私が注目していたのは市場、買い手の人たちでした。何を売ろうかではなく、何が必要とされているのか。どうやったら喜んでもらえるか。どのように勧めたら手にとってもらえるか。若い頃からそればかり考え、マーケッターの道に進んでいきました。あるきっかけで農業というビジネスと出合いましたが、事業を考えるときの基本軸は同じでした。

一方、農業には特有の問題もあります。まず、新規就農者の参入障壁は予想以上に高いものがありました。農業は地域の自然環境の影響を受けながら営まれるため、その土地の風土や作法ともいうべき文化が存在します。

新規就業者への参入障壁はどのジャンルのビジネスにも存在しますから、農業が特別なわけではありません。ただ、自然が相手なだけに、地域の先住就業者たちの「ここで暮らす者にしかわからない」という土地への帰属意識は強くなる傾向があります。たしかに、長い年月をかけて自然の「クセ」を読み解きながら命を紡いできた人たちだけがもつ知見があるから生き残っていけたのでしょう。土地への帰属意識も、その土地ならではの「お作法」にも意味があります。しかし、それが新規就農者にとっては高い参入障壁となるのは事実です。

これは良し悪しというものではありません。巷には「だから日本の農業はだめなのだ」と決めつける論評も多くありますが、事実は事実としてまっすぐに受け止め、日本の農業がビジネスとしてどのような実態になっているのかをしっかり見定めなければなりません。

実際のところ、日本の農業の実態については、かなりいろいろな「誤解」があります。消費者やマーケッターのような外部がもつイメージだけではなく、農業従事者自身の認識にも誤解があるのです。代表的なものでは、「農家の後継不足、担い手不足があるから、農業ビジネスは成功しない」という認識があります。実際は農業の担い手は不足していません。農業経営体の中で働く人はむしろ増えていますし、海外の農業先進国と比較しても、日本の農家人口はとても多いのです。

では何が問題なのか。農業を現代のビジネスとして捉えていないところです。つまるところ、雇用の問題であったり、新規就農者を受け入れる地域の問題であったり、農にまつわる縦割り行政の問題であったりします。

現在の世界そして日本は、混沌としています。グローバル化や二極化が進み、ものすごいスピードで流行や商材が流れていくかと思えば、感染症のパンデミックで世界的に自粛経済へ変わり、一気にドミナントだ、リモートだと言い始める。働き方改革で終身雇用も残業を前提とした労働も終焉を迎えつつあります。これからの社会がどうなっていくかなんて、もう誰にも予測がつきません。

混沌とした社会は、持続的に経済が回るサスティナブル社会を求めます。人が生きる上で最も重要かつ不可欠な自然環境を基盤にした農業には大きな期待がかかっています。農業のもつ文化や作法をリスペクトしつつ、現代の経済として事業化する農業ビジネスには、各方面から大きな注目が集まっているといえます。

＊＊＊

ところで、本書では、農業ビジネスのキーワードとして「アグリハック」という言葉が出てきます。

「アグリハック」というのは私が考えた造語です。農業での起業を目指した私は、丹波地方の盆地で農業のビジネス技術「アグリハック」を追求しました。丹波の山々から流れ込むマイナスイオンの風、清浄な水源、ミネラルをたっぷり含んだ肥沃な土壌、昼夜の寒暖差。厳しくも豊かな自然のゆりかごのなかで、甘く優しい作物が育ちます。

自然の声と野菜の声を素直に聞き取り、コミュニケーションをとっていきたいと考えて編み出した方法が、センサーなどによるデータ解析や栽培のしくみの解明、作物にとって快適な環境をコントロールする技術の導入でした。これらは、施設栽培だけでなく、露地栽培でも実施可能な技術です。長年の熟練した「勘」をもちあわせない新規就農者にとって大きな指針となるものです。

これらの栽培技術の運用、さらには農業ビジネスの経営戦略も含めたビジネスの要領を「アグリハック」と名付けました。

「ハック」というと、何やら悪い印象をもたれたかもしれません。たしかに、日本における「ハッカー」のイメージは、コンピューターへの不正侵入や破壊、改ざんなど、悪意をもつ行為の意味で使われることが多いのですが、本来の「ハック」は、「ものごとをすばやくやってのけて可能性を広げる」ことを指します（悪意を持った行為のほうはクラックといい、行為者はクラッカーと呼ばれます）。

テクノロジーは目的達成のために存在します。効率的、効果的な収穫を目指す技術も、目的が明確であってこそ有効なツールになります。そして、作物という商材を売り込むために行う戦略的なPRも広告も、目的を達成するためのコミュニケーションという手段であり、テクニックです。

農業ビジネスで最も重要なのは、目的意識と意義――ビジネス戦略です。誰に何を届け、どのような世界にしていきたいのか。それが明確になってはじめて、目的に向かって可能性を広げる生産技術は何か、コミュニケーションに必要な技術は何かといった目標が生まれ、最適化の設計ができるのです。これらを正しく、順序よく組み立ててチャレンジすれば、これまでできなかったことも起こせるようになります。

「アグリハック」は、効率よく仕事をこなし、高い生産性を上げ、人生のクオリティを高めるための工夫を意味する言葉としてつくりました。一般のハックは「仕事術」的な側面が強い単語ですが、アグリハックは作業ノウハウのとりまとめから意味合いを広げ、単なる効率化のための技術だけでなくビジネスそのものの可能性を広げる経営戦略まで含んで整理しています。ここで紹介するアグリハックは完成形ではありません。各地の状況にあわせて常に可能性を広げるため、こまめに修正し、改善を繰り返してください。

自分たちの仕事にとどまらず、農業を通して自然との共存の形を考えたり、広い領域とコラボレーションしたりするためにもアグリハックを活用してほしいと願っています。

それから、本書の農業ビジネスは無農薬（オーガニック）栽培を目標としていないことも、はじめにお伝えいたします。もちろん顧客から要望があれば無農薬栽培にも真剣に取り組みました。でも、オーガニック野菜が必ずしもおいしいと限らないのはみなさんもお気づきでしょう。まずい野菜は誰も食べたくありません。ではどうするとよいか。味覚だけでない付加価値をつけて野菜の素晴らしさを演出します。「おいしさ」を情報がつくるのです。

本書を通じたビジネスのメッセージは「農家はメーカー」。マーケットを意識しながら、コストの削減や栽培プロセスの最適化を目指していくのです。

農業従事者はどうしたらつくった作物が高く売れるかと生産者目線で考えがちですが、マーケティングはお客様の視点に立って考えます。品質のよいもの、持っていて嬉しいものが求めやすい価格で提供されると、最も付加価値の高いものとして認識されるはずで、品質と価格のバランスで販路拡大が見込まれます。

その土地、その時、メリットの大きい高い作物を安定して収穫し、出荷できるようにするための全体最適を考えるのがアグリハックです。無農薬栽培はその戦略の流れの中で、コスト削減や品質確保、付加価値の創造などマーケティング戦略のひとつとして行うべきです。

農業は自然環境とビジネスの融合です。自然からの声を聴きながら、テクノロジーや工程管理、人材マネジメントなど、経営戦略のノウハウを取り込んで農作業をビジネスに変えていきましょう。

＊　＊　＊

本書では、起業しビジネスを広げていく際の基本となる要点と、農業ビジネスとして特徴的なところをバランス良く整理する形でまとめました。

序章では、マーケッターだった私が農業ビジネスと出合い、アグリハックを展開していくことになったいきさつについて、簡単に紹介しています。

第1章から第5章は、新規就農者が参入しようとしたときの障壁や、さまざまな課題への試行錯誤を重ねて積み上げた「アグリハック」について、経営基盤（第1章）、経営戦略（第2章）、工程管理（第3章）、人材育成（第4章）、リスク管理（第5章）の5つのしくみに整理し、事例を交えながら解説しています。

最終章では少し趣を変え、日本における農業ビジネスを経済的・社会的側面から俯瞰し、これからの農業ビジネスが生き残り、はばたく道を考察しています。

どの章からでも、興味のあるところからお読みいただければと思います。

農業は自然環境が基盤になりますから、当然作物との「相性」のようなものがあります。私自身、トマトはうまくいきましたがキャベツは最後まで満足できる結球になりませんでした。

しかし、これを「もうだめだ」とか「運が悪い」と考えては思考停止です。

環境と作物の相性は、本書の第3章でお伝えする生産工程で発生する個別の要素が大きく関わってきます。本書では果菜類や一部の葉菜・根菜類の事例に触れているものの、農業ビジネスの軸とすべき考え方を述べているにすぎず、個別作物それぞれの詳しい運営技術については触れていません。具体的な作物の作り方は、自分で専門書なりを読んで、自分の地理的条件や土壌にあてはめて検証し、生産工程を組んで実践しながら自分で学びとってください。私もそうしてきました。

また、農地の獲得や資産運営などの財務に関する話も、それだけで1冊になるほどの文量になってしまうため、別の機会に譲ります。本書は、「農業経営」をどのように組み立てるべきかにテーマを絞り、論点を整理しました。

本書を通じ、新たに農業ビジネスを考えている人たちだけでなく、現在の領域とまったく異なるところへ起業の一歩を踏み出そうとしている人たちにも、起業して事業を展開するにあたってのノウハウやビジネスの基本をお伝えできればと考えています。

〈目次〉

第5章　リスクを管理する

終章　これからの農業ビジネス

序章

農業ビジネスと出合うまで

ここでは、私が農業ビジネスと出合うまでの歩みをご紹介しながら、マーケットの観点で農業ビジネスと向きあったときの話をしていこうと思います。

ワインはPOPで。レコードはイベントで。

私の実家は酒屋でした。小学生の頃はよく店番を手伝っていました。

実家の酒屋は、当時にしては珍しく、ワインのコーナーが充実していて、いろいろな銘柄のボトルが並んでいました。でも１９８０年代前半の頃のこと、ワインに興味をもつ人も少なく、なかなか売れる気配がありません。

なんとかできないかなと考えた私は、ワインにプロフィールをつけてみることにしました。いわゆるＰＯＰです。とはいえ、小学生ですから自分で飲んで確かめるわけにはいきません。それで、いろいろと調べました。ぶどうの産地がどんな気候風土なのかとか、ワイナリーの歴史やこだわりなど、ワインの「顔」やストーリーを紹介したのです。

当時はまだインターネットもない頃です。ワインの認知度も低いから、酒問屋に聞いても情報が出回っていません。本を買い揃える資金もありませんから、頼ったのは図書館でした。専門書を読んだり、地図や図鑑をひいたりして情報を仕入れ、ＰＯＰを書き起こしました。

これが結構あたりました。みなさん、情報があるとワインとの距離が近くなるのです。興味がでて親しみがわくと、渋みも味わいになるというか、おいしさの感覚も変わってくるようで、「意外といけるねぇ」と買う気になるお客様が増えたのです。ワインにつけたＰＯＰの評判がとても良かったので、ビールやその他の食料品などにもどんどんＰＯＰをつけていきました。どんなものが面白がってもらえるか、楽しんでもらえるかと考えて、近所の人たちがよく行くスーパーへ偵察に行ってＰＯＰを観察したりと、いろいろ試しました。

値段勝負の安売りをする酒屋ではなかったので、価格に対する訴求力に期待できない分、商品のストーリーを価値として売り込むという戦略で、お客さんの目を引き、手にとってもらうための訓練を積み重ねていったように思います。

もうひとつ、大学生の頃に経験を積んだものがあります。フリーマーケットでの販売です。といっても当時はまだ「フリマ」という名前もなく、概念としてはただの路上販売でしたけれど。認知度がゼロの店を出店したときの販売力が鍛えられました。

扱ったのはレコードです。時代はそろそろレコードからＣＤに変わろうとする頃でしたが、依然としてレコードの需要は続いていました。その頃私は、当時の若者らしく欧米のミュージックにはまっていて、ディスコでＤＪのバイトもやっていました。それで、大量のレコードが手元にあり、売りさばくことにしたわけです。

ただ、普通に店開きしてレコードを広げたところでお客さんは来てくれません。まずはお客さんの目に留まり、店に足を運んでもらわないといけない。そこで、フリーマーケットを開催するチラシを作って配ってみたり、知人に口コミで広めてもらったりしながら知名度を上げつつ、売り場では面白おかしく値段交渉して店を盛り上げました。ミニゲームやジャンケンなどでお客さんが勝ったら半額！なんてやるわけです。楽しいやりとりの時間をつくることで、中古レコードという商品と一緒にイベント体験を売るという方法です。今でいう「コト」消費の端っこのようなものをやっていました。

フリーマーケットで売ろうとしたレコードは、もともと手元にあった商品です。わざわざ売るために仕入れたわけではありません。初めは大量のレコードをどうやって処分していこうかという気持ちで夢中になってさばいていたのですが、売れれば売れるほどに販売が面白くなっていきました。今あるもの「1」を「10」にする面白さに目覚めたのです。

レコードの売れ行きが好調だったため、再販ビジネスの展開を思いつきました。着目したのは家庭用ゲーム機です。今度は店舗を借りて、スーパーファミコンやプレイステーションの中古買取販売のビジネスを立ち上げました。このような形で、学生ながらビジネスにはまっていきました。

マーケッターは夢を与え、課題を解決する

大学卒業後はアメリカでイベントマーケッターになりました。野外フェスタなどの企画や運営です。やりたいことをそのまま形にしたような仕事でしたが、実際に始まってみると「地味な」仕事ばかりでした。イベント立ち上げが決まったとき、ライブ会場周辺の住民の方へ理解をいただくための説明会を開いたり、ライブの舞台を設営したり、裏方の仕事で走り回っていました。この中で、大規模なプロジェクトを行うときに必要となる運営マネジメントや現場を仕切るノウハウが叩き込まれました。

当時のイベントは今でも、アメリカ西海岸を代表するフェスティバルとして毎年開催されています。

5年ほどして日本のエンターテイメント企業に出向し、日本国内にシネマコンプレックスを展開していくプロジェクトに携わることになりました。当時の日本にはまだ「シネコン」とい

う形態のショッピングモールはありませんでした。

「小さな子どもからお年寄りまで、身近なショッピングモールでエンタメを届けるんだ」と意気込んだものの、実際はかなり厳しい道のりでした。土地の買収や借り上げの交渉からテナント企業や旗艦店舗となる量販店との交渉、工事の進捗管理まで。なんでもやりました。

商売で大事なのは、私たちが仕事をした後、シネコンが立ち上がってからの運営です。だから、立ち上がりの期日までのスケジュールや工事の進捗具合には神経を使いました。開店し営業を開始するまでに必要な段取りや、いろいろな人を巻き込んで形にしていくためのコミュニケーション力、信頼を獲得するための力が培われました。

シネコンは5年間で8サイト81スクリーンに広がり、日本国内で当時第6位の映画興行会社といわれるまでになりました。

この頃、駅前ビルの開発に携わったこともあります。地方自治体と連携し、産業活性化の狙いで設計を進めました。これまた難易度の高い開発事業で、土地交渉や業者交渉など、地元との関わり方について勉強になりました。地域に良かれと思って進めていても、現実にはなかなか思うようにいかないものだという開発の実態を味わいました。

今にして思えば、このときの経験によって、後に移住先で地元と関わりあい、一緒に地域振興を考えていくときに必要な「胆力」を鍛えられたのではないかと思います。

ときには逃げていい

このように農業ビジネスと出合う前のようすを挙げていくと、ずいぶん華々しくみえるかもしれません。でも、当時の私はまったくそんな状態ではありませんでした。

私は器用でもなければ飛び抜けた才能があったわけでもないのです。大学在学中に始めて成功した再販事業のように運良く回ったものもありますが、飲食業などまったくうまくいかなくてすぐに撤退したものもあります。逃げるときにはぐずぐずせず、ぱっと判断して行動し、環境を変えるのも大事だと学びました。

逃げ出したといえば、留学もそうでした。大学卒業後アメリカで就職したのは留学で渡米していたからなのですが、この留学だって、日本の大学でＤＪのバイトやフリーマーケットビジネスにうつつを抜かしているうち単位不足になって留年が確定したためで、日本から逃げ出したようなものでした。

当時大学にはトランスポートという制度があって、留学先の単位をそのまま卒業に必要な単位として活かすことができました。それで、単位を取得しやすそうな大学を選んで飛び立ったわけです。動機は単純、格好いいアメリカで遊びたかった。アメリカでの生活に憧れていたので、単位を楽に取って遊んで卒業しようという目論見で飛び出したのです。

ところが。野望は見事に砕け散りました。

日本の大学は入り口が厳しく出口に甘い。アメリカの大学はその逆で、門は広いけれども単位を取るのが難しく、死にものぐるいで勉強しなければならないということを、当時の私は知りませんでした。

さらには、ニューヨーク州という名前の響きだけで留学先を決めちゃった。ニューヨーク！勝手に大都会の華やかな学生生活を夢見ていたのですが、実際に滞留先に来てみると、ニューヨーク市中心部のマンハッタンから北へなんと500キロメートルも離れていました。日本の距離感でいうと、東京都から岩手県くらいまで行けてしまいます。深い森が連なり、あたり一面にイチゴ畑やブドウ畑が広がっていました。夜になると寮の周囲にコヨーテがうろついているようなところだったのです。

もう絶体絶命です。猛獣の見張り付きですから、夜間の外出もできません。諦めて、本を読むか勉強するかで時間をつぶすしかないわけです。おかげで勉強は捗り、無事卒業できました。機をみて逃げ出す勇気も大事。誤算もありますが、終わりよければすべてよし、です。

だが、逃げ出せないときもある

とはいうものの、どうしても逃げ出せない、逃げ出すわけにいかない壁にぶつかることもあります。私の場合は家族、長男でした。

生まれてきた直後から、彼は重度のアレルギーだったのです。いくらなんでもこれは逃げ出せません。正面から向き合う戦いが始まりました。

長男は、かなり重度のアナフィラキシー反応を起こすI型アレルギーでした。生まれた直後は長らく保育器から出ることができませんでしたし、やっと家で暮らせるようになってからも、たくさんのアレルゲンを抱えていたため、除去食ひとつとっても苦労が絶えませんでした。食物の成分も長男の体調も毎日同じではありません。昨日大丈夫だったのに今日はだめだったということもしょっちゅうでした。一口食べさせては息をのんでようすを見守り、なんともなければほっとして次の一口を試す毎日でした（余談になりますが、この大変さは想像を絶するもので、家庭に大きな影響を与えて当時の妻と離婚に至るきっかけにもなったほどです。その後は男手ひとつで育てようと腹を決めました）。

調理器具や食器の共有でアレルゲンが混入してしまうコンタミネーションを防ぐため、親もアレルゲン食物は一切口にせずに完全排除です。うっかり除去しそびれて調理してしまった鍋はどんなに洗っても二度と使えません。すべて買い替えて揃え直すほどの徹底ぶりを要求されました。何を食べてもアレルギーに怯えていました。

小学校に上がってからは、給食への対応も頭の痛い問題になりました。完全な除去食を用意してもらうことなどできません。それでとった戦略は、何かあってもすぐに対応できるように学校のすぐ近くに引っ越すことでした。場合によっては給食の時間になったら帰宅させ、家で作ったものを食べさせることもありました。彼も辛かっただろうと思います。親子でアレルギーと戦いました。

もうそこまでしなくても大丈夫とかかりつけの医師から言われたのは、小学校3年生から4年生に上がる春休みの頃でした。

「お父さん、よくがんばりましたね。息子さんは少しずつなら小麦や卵を食べても大丈夫ですよ」

担当医の声を聞きながら私は、感極まって泣き崩れてしまいました。

もちろん完治というわけではありません。彼がアレルギー体質であることに変わりはなく、特定のものを食べるとかゆくなったり発疹が出たりします。ただ、命に別状があるほどのショックは出なくなりました。今でこそゆるやかにアレルギーと付き合えるようになっていますが、当時は、いつ爆発するかわからない爆弾を抱えながら幼い命を手の上に乗せている緊張感のなかで試行錯誤の繰り返しでした。

この戦いは、食の安全性に命を預けることの重みを感じ、食の背景にある農業や環境について強く意識するようになった原点ともいえるものでした。

ところでもうひとつ、この経験から実感したことがあります。タスク処理の話です。

ひとり親による子育ては、子どもを守るだけでなく、自分を含めたすべての生活を支える働きが自分の肩に乗ってきます。子どもを育てたことのある人なら実感できると思うのですが、すべての仕事が同時並行で押し寄せてきて、どれかひとつに集中させてもらえる時間なんてありません。

ビジネスのなかでよくタスク管理が議論されますが、生きていくための働きは、タスクを切り分けてきれいに並べ、ゆっくり順番に片付けることなどできないのです。シングルだ、マルチだ、といった切り方そのものがナンセンスだとさえいえます。

多面的な人間が生活する中ではマルチタスクが基本。ものごとがうまくいかないときは、マルチタスクを前提としたマネジメントができていないのです。ただし、マルチタスクの意味をよく理解しておく必要があります。何も考えず雑多に同時並行で走らせるわけじゃない。タスクそのものはシンプルな処理の積み上げです。シングルだろうがマルチだろうが、タスク一つひとつの管理方法に違いはありません。

転機は予想外のところから降ってきた

息子のアレルギーもそうでしたが、人生の中で自分がコントロールできることなんてそうそうありません。転機は思わぬところからやってきます。

私の場合は、母からの連絡でした。父が倒れたというのです。33歳のときでした。

私は高校生のときから寮生活を送り、早くから外に出ていたため、実家とはめったに行き来していませんでした。父と言葉を交わすときだって、今どんな仕事をしているのかなどの短い会話だけ。世間話も雑談もめったにしませんでした。その父が・・・。

私は覚悟を決めました。

大急ぎで仕事を処分し、実家の酒屋を継ぐために帰宅して父のようすをうかがいました。どんな顔をして会おうか、何から聞こうか、どの相談から始めようかと思い巡らしながら。

・・・・・・父は、ただのぎっくり腰でした。

母がびっくりさせようと思って勿体をつけて連絡してきただけだったのです。まあ大事なくてよかったものの、私は会社まで辞めて帰ってきたわけで、絶句したきり固まってしまいました。「何てことだ」とは思ったものの、もうどうにもなりません。

意図しない転身でしたが、現状は素直に受け止めるしかありませんでした。こうして私は家業を継いで独立開業することになりました。

父の酒屋をコンビニエンスストアの形態にピボットし、オーナーとしてスタートです。

コンビニ経営で鍛えられたのは、人事・教育を含む総合マネジメント力です。
スタッフは、ほとんどがパートやアルバイトでした。10代から40代までと幅広く、学生から主婦、フリーターまで、あらゆる属性の人が集まっていました。当然、興味関心も異なりますし、仕事の要領を覚えるときの基礎力も違います。同じように仕事内容を教えているつもりでも全然伝わらなかったり、こなしきれなかったりするのです。コンビニでの業務は、単なるレジ打ちだけではなく、商品の発注から搬入品の確認、品出し、廃棄品のチェック、フライヤーやウォーマーを使った調理、タバコの取り扱い、振り込みなどの出納代行、宅配便の受付など、ほんとうに多岐にわたります。総合スーパーが100坪にも満たない店舗に凝縮されているようなものです。それをパートやアルバイトのシフトだけで回していかなければなりません。しかも、24時間です。

私が24時間ぶっ通しで張り付いているわけにはいきません。まず要求されたのはスタッフ教育でした。彼らには、「コンビニは業種としては小売業だけれど、すべての業界に通じるものが詰まっている」と話しました。経営の考え方でいえば、セブン-イレブン・ジャパンの創業者、鈴木敏文氏が掲げるスローガン「基本の徹底と変化への対応」の中で言及された「すべての事業は変化対応業である。変化できないものは必ず淘汰される」という考えと出合ったのもこの頃で、小売業に必要なノウハウを数多く学びました。

細かな操作を覚えるのも大事だけど、お客様を相手にする仕事だということを忘れてはいけない。あたりまえだけど大切な、接客用語の復唱だとか、困っているお客様がいたら声掛けするとか、ミスしたらすぐにごめんなさいと言うとか、愚直に基本を徹底させ、日々変化する状況への対応力をつけるよう指導をしていました。

一方で、コンビニは24時間営業。スタッフは朝・昼・夜のシフト体制で動いています。1回のシフトで顔を合わせるスタッフは数人ですし、年齢層も属性もばらばら。職場の仲間意識はなかなか育ちません。それで、通常の声掛けとは別に、スタッフみんなで旅行に行って交流の機会をつくったり――みんなでハワイまで行ってホノルルマラソンに参加したこともあって、夜勤明けにスタッフたちと大騒ぎしながら早朝練習もしました――、交換ノートを作って各シフトの気づきや注意点などを他のシフトが読んで状況をつかみやすくしたりと、他のスタッフの気配がわかるような工夫をしました。

もちろん、時間帯によって注意すべきところや作業のプライオリティは変わってきますが、相手のことを思いやるという環境づくりが、結果として仲間意識の醸成や帰属意識の高さにつながり、ひいてはお客様に対するサービスへと伝播していく原動力となったのではないかと思います。

コンビニは2店舗（うち1店舗は本部直営）まで拡張し、スタッフの接客態度では3年連続全国1位という評価をいただくことができました。

ポートランド・ショック

その後、パートナーにコンビニ運営を譲り、大手ビール会社に入りました。近畿エリアで営業の仕事をしていましたが、ライバルのビール会社に比べてなかなか強みが出せなかったため、「価値提案」という営業戦略をとっていました。つまり、消費者がビールを飲む瞬間から逆算してイメージを膨らませ、どういう場なら買おうとするだろうかと、「買い場」のデザインを提案するわけです。

量販店の現場に行っては提案しました。答えは常に現場にあります。本部のバイヤーだけでなく、現場の発注担当のパートさんが何を好むのか、晩ご飯のメニューを知っているくらいの関係性を築きながら、現場力を支えるための価値提案営業を続けました。

このとき、成果を上げるのは自分だけの力ではない、さまざまな立場の人が関わってこそなのだと、チームビルディングの大切さを叩き込まれました。おかげさまで私たちのチームが関西でトップになって社長賞をいただいたり、経済テレビ番組がカリスマ営業として紹介してくださったりして、価値を売る好循環ができました。ビール会社が業界シェアで首位をとったときは、エリア賞をいただきました。

もうひとつ、このときの経験で大きな力となった学びに、「常識を疑え！」があります。第4章で紹介するアグリハックの「なぜ」を問い続ける姿勢の原点になりました。

そして、農業ビジネスと出会う最大の転機が訪れました。

このビール会社がワインメーカーをＴＯＢで子会社化したという縁もあって、世界中のワイナリーを訪問するようになりました。その一環で、あるときアメリカのポートランドというところで行われた「ブルゴーニュ」の祭典に参加したことが、私を大きく変えました。ブルゴーニュはフランスの有名なワインの産地ですが、そのイメージを最大限に活かしたワインのイベントをアメリカのポートランドで開催していたのです。ポートランド大学の広大な敷地をまるまるイベント会場として使い、大学の寮をホテル代わりにした盛大なものでした。

ポートランドは太平洋岸北西部にあるオレゴン州の最大の都市で、環境にやさしいまちとして世界2位にランキングされています。森林や山々、農場、ビーチといった豊かな自然の景観に恵まれ、全米で最も住んでみたい街ともいわれています。

ポートランドのあるオレゴン州には17ものワイン産地に地ビール、小規模な蒸溜所があり、シーソルトやアイスクリーム、チーズなども楽しめるのですが、この楽しみは地元の人たちだけのものではなく、外へ「拡大を続けるグルメの楽園」とも称されているように、売り込みが素晴らしいのです。

当時みたブルゴーニュの祭典は、本場フランスからワイナリーを招待し、ワインの新興産地であるアメリカのポートランドで祭典を行いながら、歴史あるブルゴーニュのテロワール（気候・土壌・地形など、土地の個性や風土）をストーリーとして取り入れているのです。産地イメージを醸成するスピード感。鳥肌が立ちました。

これだ！私はポートランドが仕掛けた「マーケティング」の部分に、ガツンと心を持っていかれました。この売り方――ワイナリーを展開し、テロワールのストーリーを売り込む仕掛けを、なんとか日本で水平展開させるイベントを立ち上げられないだろうか。

ワイナリーを持とう！　ぶどうを作ろう！
私が就農を目指した原点は、ここにありました。

●ポートランドについて

私がポートランドを好きなのは、肩に力が入っていないのにさり気なく先進的なことをやっているところが、日本の――私の目指したい方向とベクトルが合っていると感じるからです。それだけでなく、手の届きそうな暮らしにも魅力を感じています。

日本はポスト・モダニスティックになってきています。モダニズムが物質的な幸せを求めるものだとすると、ポスト・モダニズムは精神的な幸せを求めるものです。物質的にある程度満たされた社会で人が求める幸せとは何でしょうか。今世界を襲った感染症によって物理的に会うことが困難になるなか、何をよりどころにしていけばよいのか混乱しています。

ポートランドはアメリカの西海岸にあり、開放的で、楽天的です。軽やかに物質の価値を超えていきます。「グリーン・エネルギー、水素、風力！代替エネルギーについて考えてみようよ！クールだよね！」と力を入れず、いつのまにか取り組んでしまいます。それにポートランドはコンパクトシティ。コミュニティの力があります。

日本は固い顔してスマートシティだ、ＳＤＧｓだとじたばたしています。北欧は手の届かない感じがする。ニューヨークだと肩ひじを張っているようで違和感がある。そこへいくとポートランドは、ほどよく届きそうな未来を描くことができる都市です。

ジョン・レノンの歌にもある通り、現実にはいろいろな困難がついてくるけれど、心の中ではどんなところにいても軽やかに、楽天的に生きていける人間になりたいと、ポートランドでそう感じたのでした。

農業ビジネスは前途多難なスタートに

アメリカはポートランドの「ブルゴーニュ」祭典で衝撃を受け、「ワイナリーでイベントやりたい！」と勇んだ私は、早速ビール会社を辞め、農業への転身を図るため、京都府長岡京市に農業生産法人を立ち上げました。

とはいうものの、それまでまったく縁のなかった農業。手探りどころか、予備知識がなさすぎました。「ワインといえばぶどう。ぶどうといえばここだろう！」の勢いで、京都北部の丹波地方にある農地にたどりついたのですが、丹波地方で栽培されていたのはワイン用ではなく生食用のぶどう。私の農業知識はその程度でした。ワイナリーどころではなかったのです。

憧れだけで突撃したところでうまくいくはずもありません。私の農業ビジネスはさまざまな形で農業の洗礼を受けてスタートしました。

白状しますが、この時点でもまだ、私は農業そのものに興味をもっていたわけではありませんでした。このときは農業が何たるかもわかっていませんでしたし、農家に知り合いもなくて知識のかけらもありませんでした。むろん農業に対して高い志や熱意をもっているわけでもなく、あくまで、マーケットとしての可能性を感じてワイナリーを持ちたいという憧れのような気持ちだけでした。

でも、事業を起こそうとするときって、結局のところその程度のものでよいのではないかとも、今の私は思います。どんなに高い志をもっていたとしても、そのなかに「わくわく」する楽しさ、興味や面白さがないと事業は長続きしません。

私が目指した農業だって、わくわくすることをやっていきたい！という灯火が胸の中にずっとあったからこそ、このあと遭遇するさまざまな課題が襲いかかったときでも夢中になって考え、工夫し、ノウハウをためていくことができました。

それが次章からご紹介する「アグリハック」の結晶となっていったのです。

第1章 経営基盤をつくる

新規ビジネスに参入する場合にまず重要となるのが経営基盤です。建物でいうと、基礎を打つ土台の整備にあたります。一般的な基盤では、拠点やインフラ、資機材などのハード面だけでなく、顧客や組織体制、財務、人材などのソフト面も含んで考えることが多いと思いますが、本書ではわかりやすくするため、拠点機能やインフラ機能に相当する基盤の確保についてみていきます。

農業ビジネスで経営の基盤と考えて整備したのは、農地確保、土壌改良、用水確保、雑草・害虫対策、そして獣害対策でした。

1, 経営基盤が学べる① 「農地の確保」

農業は、自然の営みから収穫を得るなりわいです。土壌や地形、気象など、人的なコントロールがきかない要素が大きい事業です。特に地方の里山では、農家がそれぞれ、その地域にあった方法を工夫し、春夏秋冬の営みを繰り返して農地を守っています。

目まぐるしくクラッシュアンドビルドを繰り返す都市部と異なり、里山での営みはゆったりと長く、変わらないことが良しとされます。たしかに、一足飛びに変えていく「改善」の中には、生態系を狂わせ、里山を破壊してしまうものもあるでしょう。その風土にあった伝統的な農法を守っていくのも大切な面はもちろんあります。

でも、それが外部からの就農希望者を弾いてしまうほど硬直したしくみになってしまっては、守るものも守れなくなってしまいます。

例えば、私が受けた最初の洗礼は、農地を貸してもらうところからスタートしました。

基本的に地域の中に知り合いでもいない限り、簡単に農地を貸すことはありません。私のようになんの縁もなく「農業をしたいんです！」なんて言い出しても相手にしてもらえないのです。

しかも私は当時40歳。赤ん坊みたいなものです。農業の世界では、50代でも「ひよっこ」扱いです。その土地の風土を把握していないという意味では、たしかにある程度は仕方のないことでしょう。農業の何たるかを知りもしない「若造」に、代々守ってきている大切な農地を任せたりはしたくない。

だから勢い、新入りが手にするのは、耕作放棄地ということになります。耕作放棄地は、それだけの理由があるから放棄されています。耕作するには不便だったり、効率的な収穫には向かない痩せた土地だったりするわけです。

どんなマーケットにも新規参入を阻む障壁は存在します。あらかじめできあがっているステージへ後から入り込む者は必然的に不利なところからのスタートになりがちです。農業の場合、先住者に大きくアドバンテージをとられているのが農地です。

私の場合、なんとかして手に入れることのできた農地は、三角形で、水路がなく、山際で日照不足の上に獣害がひどいところでした。そして放棄されていたため雑草も容赦なくはびこっていました。

三角形の土地は、コーナーを有効活用できないため、耕作できる面積が少なくなります。変形した土地ではトラクターも使いづらい。里から外れた山際だから、重機を運び入れるのも一苦労です。最初はそもそも機械がなかったこともあって、すべて手起こしでした。

本当にここは農作物をつくっていた農地だったのか？と疑ってしまうほど、耕作放棄地は硬く、もう一からの開墾状態でした。鋤鍬でカチカチに固まった地面を一投一投、穿つように掘り起こしていくのです。雑草は根から取り除かないとまたすぐ生えてきてしまうし、大小さまざまな石も埋まっていて、いちいち取り除かないといけません。鋤鍬にガツンと当たってしまうと腕に響き、何度も繰り返すとしびれて使い物にならなくなってきます。

日照不足についても少し説明が必要かもしれません。ビルの谷間じゃあるまいし、農地になっているくらいだから周りはずいぶん開けているのではないかと、日が当たらないと言われてもイメージできない方もおられるでしょうが、中山間地域の山際の土地というのは、想像以上に山の陰になっている時間が長いのです。

朝はいつまでもおひさまが顔を出しませんし、夕方も早いうちから山の陰に入ってしまいます。同じ地域のなかでも、少し開けた農地にいるといつまでも明るいので一気に季節が変わったような気がしてくるくらい、違うのです。

農業ビジネスは、最大の経営基盤でもある農地がかなり不利な条件でスタートするところに、新規就農者の参入障壁の高さがあるといえるでしょう。

既存の地元の知り合いや農協などのルートだけで農耕や出荷を考えていたとすれば、そもそも育てられる作物が見当たらず、お手上げ状態になってしまうかもしれません。

私の場合、農業に対する予備知識がまったくなかったため、最初は生協と農協の違いさえよくわかっていませんでした。当然、販路もどうなっているのか、業界構造を知りません。私にあったのは、全国の量販店バイヤーとの直接のつながりでした。プロダクトアウトの発想がそもそもなかったのでマーケットインでバイヤーに企画提案しながらビジネスを開拓したのです。マーケットとして農地を科学的に捉え、土壌の改良や用水確保、農作物の選定を行いました。個々の具体的な話は後述しますが、誰も手を出したがらない農地はむしろブルーオーシャンとして活用できないかというわけです。例えば日照不足の土地については、農作物の中に嫌光性の植物があることを突き止め、その作物が意外と高値で取引できるとわかったため、農地のピンチをむしろチャンスへと変えることができました。

2, 経営基盤が学べる②「土壌の改良」

農作物を商材として考え、多産を目指すには、農耕の土台となる土づくり、土壌の改良が重要となります。

光合成する植物の根に必要なのは水分と酸素です。つまり、水持ちが良く、水はけも良いという一見矛盾した土壌の構造が必要になるのです。

この土壌を実現するには、有機物をしっかり入れ込み、トラクターで十分に耕耘することで土壌を柔らかくして空気を多く含ませる土づくりがポイントになります。過剰な水分が土壌に含まれると、土壌粒子同士の結びつきを壊し、乾くと固まって次に水分を含んだときに空気の隙間がなくなってしまうため、水持ちのバランスがポイントです。

理想的な土づくりに重宝するのが畝間作業専用のトラクター。加工用トマト、万願寺とうがらし、夏秋ナス、九条ネギ、とうもろこし、さつまいもの紅はるかなど、多品種の作物用の畝立てを一括してこのトラクターで耕起し、効率化を図りました。耕地を標準化することにより、栽培面積の拡大が効率的にできました。

少し細かな話になりますが、畑作の耕起の際には、トラクターにマルチャーという作物の根本を覆うフィルムを貼る機械をつけて畝立てするのが一般的です。耕耘のポイントは、常に高畝を基本とし、根の周りの土壌から速やかな排水ができるようにすること。このため、あらかじめサブソイラーなどで下層の土を破壊して暗渠を入れておいたり、ショベルカーがあれば明渠をつくったりして、畑の外へ排水しやすいデザインにします。

農耕具に関しては、はじめから自前で揃えるのはたいへんですから、農業専用にこだわらず、土木や建築でよく使う汎用の機材で代用できないかも考えてください。入手先も農家に限りません。広く地域の中で協力者を探しましょう。私の場合は、農耕専用機にいきなり投資するのは費用対効果がみえないため、農業機械の大手メーカーから貸し出してもらう形で始めました。やりとりを続ける中でいろいろな情報を交換しあい、単なる機材の取引以上の関係が深まっていきました。後には、第3章の「テクノロジーの導入」のところで紹介する水稲の鉄コーティング直播栽培技術の導入に全面協力いただける連携体制につながったのです。

どんな困難にも何かしらの道があり、思わぬ未来が展開するものです。互いを信頼しあい、協力しあいながら進められると理想的です。

3, 経営基盤が学べる③「用水の確保」

農業の基本ともいえる三大栄養素は窒素、リン酸、カリウムです。でも作物にとってこの三大栄養素はサプリメントのようなもので、もっと根源的に重要なものがあります。

それは、水です。作物の大部分は水分でできています。この水が良くなければ本当においしいものにはなりません。

そして、水は、ミネラル含有量なども大切ですが、水温も関係してきます。


原則として水は高い土地から低い土地へ流れます。このため、標高が高いところから順に低いところまで水が行き渡るよう水路が張り巡らされていて、水路の利用については土地ごとにルールがあります。そのルールは単なる位置関係だけでなく、水を利用するエリアのステークホルダーどうしの力関係で決まっていきます。水の利用は集落間の争いを起こすほどの死活問題。当然ながら、入ったばかりの新規就農者は水の利用も後回しになります。

集落単位での水利が後回しになる問題については、単なる水量の確保だけでなく、水質確保の課題も隠されています。例えば、安全な有機栽培の野菜を作りたいと考えていても、新規就農者へ最後に回ってくる水にはドリフトといって農薬や除草剤が混じった水になっている危険性があるのです。水利は自分の力だけではどうにもできない話も含みます。

私の場合はそもそも水路が確保されていない耕作放棄地でした。幸いなことに、耕作放棄地になるような土地は山際です。このため、自力で水を掘って探し当てるところから始め、きれいな山の用水を確保することができました。

水源も用水路も近くにない農地の場合だと水の確保がかなりたいへんになります。水路を引くのも難しいようなら、技術力の出番です。装置の力を借りましょう。例えば、太陽光パネルで発電した小型ポンプを使うと、沢水をせき止めた程度の水源からでも取水できるようになります。そこから野菜を栽培する畝より1メートルほど高い位置に設置したローリータンクに水を貯め、タンクが満水になったらほぼ空になるまで一挙に放水するという動作を、センサーを利用して晴天時に繰り返すのです。

その他にも、砂状の土壌の場合は、軽トラックの荷台に乗って、足場材を何度も地面に打ち付けて穴を掘り、手づくりの井戸をつくったこともあります。

一般的なＤＩＹの知識でも農地の「困った」をなんとかできます。農業を特殊なものと思い込む先入観をなくし、今必要とされている本質を見極めれば、道は拓けます。

4，経営基盤が学べる④「雑草対策」

農地で頭を悩ませる戦いのひとつが雑草です。生命力が強いだけに、日照不足の土地でも雑草はしっかり生えます。そのままにしておくと害虫のすみかになりますし、定期的な草刈りが必要です。特に耕作放棄地は、放棄されていた間に多種多様な植物が生息するエリアになってしまっています。梅雨明けの頃などはちょっと目を離したすきに数十センチも伸びてしまうので、また草刈りだとため息が出そうになります。

でも、視点を変えて眺めると、雑草は悪いところばかりではないことが見えてきます。

畑以外に生えている雑草は、実はお金になります。川の法面に生えている雑草は、刈り取ると面積あたりで対価が支払われたので、最初の頃は農業より儲かるのではないかと思ったくらいでした。

また、刈り取った雑草は堆肥にすれば種が発芽することもありませんから、有機栽培の施肥として畑に使えば一石二鳥です。

堆肥化のための草刈りは、4月はじめから始まります。ずいぶん早くから始めるものだと思われるかもしれませんが、伸び切ってしまってからの雑草はとても丈夫なので刈るのもたいへん。柔らかな青草の間に刈り取ってしまいます。刈り取った草はトラクターに接続するチョッパーを使って細かくほぐし、空気を含ませて発酵しやすくします。5月6月は草の生長著しく、あっというまに緑の山ができあがります。

青々とした草はやがて水分を失って色を落とし、微生物により分解されていきます。草の堆肥は動物のそれと異なり、発酵した匂いが柔らかで、干し草独特の香ばしい匂いが鼻をくすぐります。畑の一角に積み上がった草山のそばを通るのが大好きで、いつ畑に鋤き込もうかとわくわくしたものです。

やっかいな作業ほど、舌打ちしながら嫌々するより、喜々と楽しめる作業に変えてしまいましょう。

楽しめとはいうものの、作業に苦労が伴うと長続きしないため工夫は大切です。ていねいに農作業をしていこうとすると、初夏から秋までかなりの長期にわたって草刈りする必要があり、作業する者には大きな負担となります。

こうしたときも技術力の出番。農繁期に時間と人手をとられないよう、草刈りの大型機械を導入しました。この機械だと、人が入ることのできない場所やアーム式の草刈機では届かなかった場所の草刈りが可能になるのです。最大で40度の傾斜地でも走行できるため、果樹園や農地のあぜ道、河川の土手の雑草も刈り取ることができます。


「用水の確保」でも紹介しましたが、農作業で大きな負担となる労働の自動化や省力化を図る機械はたくさん開発されています。利用できる最新テクニックは、補助金などを有効に活用しながら積極的に使っていきましょう。テクノロジーの導入については、第3章の工程管理のところでもお話ししています。

農作業は人の手が加わるほどに味わい深くなるというのは幻想です。省略したり代替できたりするものは積極的に活用し、体力も時間もしっかり確保して人間にしかできないところへ付加価値をつける。それがアグリハックの重要なポイントです。

5, 経営基盤が学べる⑤「害虫対策」

雑草と並んで対策が必要となるものに、害虫問題があります。葉や果について食害や吸汁で被害をもたらす虫害は、直接収穫物に被害を与えるだけでなく、根や葉を痛めて病気を誘引するなどの間接的な被害ももたらします。

日本の害虫は3千種類以上もいて、大半が昆虫です。蝶や蛾の幼虫、アブラムシ、アザミウマ、カメムシなどは聞いたことがある人も多いでしょう。風にのって大量に飛来するものもあります。外来種も増えています。

ただ、私の感覚では、害虫対策については、あまり固く身構える必要はないといいたい。もちろん扱う農作物の種類にもよります。私の場合は果菜が中心であったため、葉物につく虫害とは対応の重要度が異なっていたかもしれません。しかし、そうした状況を割り引いたとしても、虫とはある程度共生する気持ちも持ち合わせておきたいのです。

害虫を目の敵にし、徹底駆除を図ろうとすると、農薬による化学的防除に頼りすぎる恐れがあります。薬剤耐性をもつ害虫が現れるかもしれません。それに、薬剤散布は作業者にとってもかなりの負担になります。

害虫への対策は、完全な防除というより、一定レベル以上にならないよう管理するという発想のほうが適切です。

私が行っていた害虫対策は、誘引灯とソルゴーです。

誘引灯は、昆虫が光に集まる性質を利用し、誘虫ランプに引き寄せられた害虫を高圧電流で駆除したり、捕虫器の中に取り込んで駆除したりするもので、設置するだけと手軽です。ＬＥＤを光源にすれば耐久性も上がります。

ソルゴーというのはイネ科の一年草、和名はモロコシと呼ばれ、トウモロコシの仲間です。大人の背丈ほど高く生長する緑肥植物で、畑の周囲に植えると風除けになり、倒伏の防止やナスなどの傷つきやすい果菜の風によるスレ傷防止に役立ちます。周囲で散布された農薬が風にのってくるドリフトを防いだり、害虫の侵入を防いだり、ソルゴーに棲みつくテントウムシなどの益虫によりアブラムシなどの害虫を駆除したりできます。

また、ソルゴーは深く根を張るため、土壌の中の団粒構造が進み排水性や通気性もよくなります。しっかりと張った根から畑の過剰な養分を吸い取ってくれますし、刈り取った後は堆肥にもできるという優れものです。

防風・防虫のネットによる対策もありますが、ソルゴーは播種するだけ、設置の手間がかかりません。露地での栽培は、次にお話しする獣害対策も兼ねるためネットの対策もしましたが、ソルゴーでさらに強化できるのです。ネットを耐用年数5年として比較すると、ソルゴーを3条蒔きにするとネットより若干高くなりますが、整地が済んだ圃場なら小一時間もあれば播種できてしまうので、ネットを設置するよりはるかに負担が少なくてすみます。

6，経営基盤が学べる⑥「獣害対策」

中山間地の農地の場合、最も頭を悩ませる戦いが、獣害です。

山際の農地はほんとうにたいへんです。せっかく整えた畑は一晩のうちにぐちゃぐちゃにされ、収穫間近の作物は謀ったかのように食い荒らされます。何度もやられているうちに心を折られてしまいます。私も頭にきて、狩猟の免許を取って罠を仕掛けて応戦し、自力でとどめも刺せるよう猟銃の免許も取りました。

獣害が起きる理由には、山そのものが痩せてしまっている、山の手入れができていないという問題があります。虫も小動物も食べることのできる植物や木の実もなくなって、やむを得ず里まで降りてきている。つまり人の営みと獣の営みとの境界線があいまいになってしまっているのです。

表面上の獣害に気を取られて解決しようと思っても、うまくいきません。山そのものを保全する環境の話とつながりますから、本来であれば地域全体、ひいては行政が入り、総合的に解決策を考えていく必要があります。ところが、砂防と農地、環境保全と、山の対策の目的が異なると、行政の所轄が国土交通省、農林水産省、環境省と変わってしまい、それに伴い、自治体の担当課も分かれます。ここまできたら新規参入者の手に負える話ではなくなってきますが、日本の里山で農業ビジネスを考えた場合には必ず起きる障壁です。

獣害の問題にはとにかく悩まされ、いろいろな防御策を試しました。電気柵やトタン柵、罠や落とし穴などをしかけるのですが、獣たちも徐々に知恵をつけるため、頭脳戦になっていました。獣害の問題については「これをすれば大丈夫」という解はありません。

地方によっては高い石垣をつくる猪垣というものがあります。駆除や捕獲を目的とせず、人間と獣の境界を分けて共棲を図るものがあります。山のものは山に還すというわけです。

もっとも共棲は、山が豊かであることが前提です。やはり根本的な解決は、山を豊かにすることです。昔の里山での農業は、農地と近接する山に人が入って暮らしに必要なものを手に入れるときに山の木々の手入れもいっしょに行っていくことで、土壌や河川を豊かにする良い循環ができていました。

昔の生活に引き戻ることはできませんが、山の環境を守り、豊かにしていくことは、農業ビジネスにとって非常に重要な、重い課題であることは間違いありません。

●山の顔のオモテウラ

豊かな山の恵みは早春に感じました。

就農して間もない頃、ビニールハウスをまだ持っていなかった露地栽培は、季節の境目になる3月の売上確保に悩まされました。アブラナ科の植物は時を待たずにとう立ちしてしまって出荷できる代物ではなくなりますし、夏野菜ができるのもまだこれから。安定した出荷ができる品種を確保するのに苦労しました。

そのときはずいぶん山の恵みに助けられました。山菜です。見渡せばそこかしこに芽吹き、栽培管理いらず、原価なしのありがたい収穫でした。

もちろん、山林には必ず持ち主がいます。勝手に入ることはできませんし、乱獲による生態系破壊などへの配慮も必要。慎重に、山の恵みを分けていただくという姿勢は大切です。

山林の農業ビジネスについては終章に記しています。あわせてご一読ください。

第2章

経営戦略をたてる

農業をビジネスとして考えた場合、農作業を展開する前にしておかなければならないことがあります。事業の方針や計画といった経営戦略を明確にすることです。経営戦略は「経済の競争のなかで持続的に生き残っていくための方針」。限られた経営資源（ヒト、モノ、カネ、スペースなど）を選択的に分配し、目的を達成していく必要があります。農業ビジネスに新規参入し、経営戦略をたてようとしたとき支えになったのは、データによる見える化や、ポートフォリオによる強みの分析、ストーリーでの共体験の売り込みなど、マーケティングを意識した企業戦略でした。

7,「農」をデータ化し、経営戦略を考える

はじめにでも少し触れましたが、農業の参入障壁のひとつである農文化で、特に帰属意識の強さが問題にされることがあります。この帰属意識は、農地そのものへの思い入れであったり、農作業や生活慣習へのこだわりであったりします。こうした「場」や「プロセス」への執着が「仕方ない」「こういうものだ」と、他の可能性を否定する思考停止を招いて、膠着した農業工程を生み出し、「手をかけるほどありがたい」という意識になったりします。

ビジネスとしては、この考え方では生き残ることができませんから、農業をビジネスにしていくためには、農地という「場」や農作業という「プロセス」にかかる問題を分析し、改善策を打っていけるよう戦略を練る必要があります。

問題の分析には、ていねいで客観的な実態把握と課題の細分化、見える化の工程が不可欠です。その強い味方となるのが「データ化」という手段なのです。

未知の分野への新規参入で、農業に関する知識もろくになかった私は、自分が得意とするマー

ケティングの戦略を活用しました。農作業のあらゆる工程を記録し、データ化して、場やプロセスの改善を行ったのです。

はじめに商材となる農作物を選定するときは、まず、農業ベンチャー企業の体験農園を借りていろいろな品種のテスト栽培をしました（余談にはなりますが、このテスト栽培が縁となり、この企業の社長といろいろな事業のつながりも生まれました）。

山の農地でいきなり農作業を始める前に、私の事業に向いている野菜――強みとなる商材の見極めを行ったわけです。このときに活用したのが、いわゆる「プロダクト・ポートフォリオ・マネジメント（ＰＰＭ）です。

プロダクト・ポートフォリオ・マネジメントは、簡単にいうと、資源配分など事業戦略を立てるときに使う分析フレームワークです。商品や事業への力の入れ具合を検討するときに市場の成長性と市場での自社のシェアという2つの軸で整理していきます。

農作物の場合、自然のものだから製造業の考え方はあてはまらないという印象が強いかもしれませんが、市場に出回って商取引されるという点では他のプロダクトと同じ。これもまた立派な商材です。そうであれば、マーケットを軸にした戦略も成り立つはずです。

そう考えた私は、さまざまな商品候補となる農作物を、体験農園ですべて栽培してみることにしました。一気に作って比較することで、生産のしやすさと市場での価値を精査し、自社にとっての得意野菜を見極め、作物を絞り込んだのです。

農業ビジネスで考えるポートフォリオ分析は、「自社の農地で安定した生産ができる」と「販売拡大の見込みがある」という2つの軸とし、データを取りました。

安定した生産に結びつくデータとしては、次の効果を記録しました。

・土壌改良
・種苗育成
・成果
・収穫、出荷（運搬）

販売拡大の見込みに結びつくデータとしては、次の可能性を調査しました。

・付加価値のつけやすさ
・販売網の範囲、密度
・単価効率

こうした得意野菜の試行と研究は、12カ月で30品目74種類の野菜を一気に栽培して行いました。一つひとつ順番に農作業を繰り返して野菜を絞り込んでいたらおそらく十数年はかかっていたと思います。これがひとつのポイントです。

つまり、農作業を覚えて上手にできるようになってから売れる作物を決めるのではなく、自社の得意とするマーケットを考えた上で勝負できる商材――安定して収穫し販売拡大が見込まれる得意作物――を探し出すという逆向きの思考でスタートすることが重要です。このスタートダッシュを助けるのが、客観的なデータです。

もうひとつ押さえてほしいポイントがあります。このときの検証をわずか12カ月という季節の一巡だけで一気に行うためには、一つひとつの検証をかなりのスピードで行わなければなりません。いわゆるPDCAサイクルを高速で回し、次のステージに上っていく姿勢が重要となります。このときのすばやく的確な検証結果の整理、効率的な分析を支えているのも、データなのです。

ここではデータ化の話をお伝えしました。ポートフォリオによる強みの分析の詳細については後述します。

8, 生産管理アプリ開発でデータを共有する

データの効能についてもうひとつご紹介しておきましょう。

参入当初、憧れからは程遠い里山の厳しい姿にカルチャーショックを受け、自然の力に翻弄されて農業者としての私は心を折られつつも、一方で、マーケッターとしての私は冷静に眺めていました。新規参入者が想定外のことに出鼻をくじかれることはよくある話。大事なのはそこからどう戦略を立てて乗り切っていくかです。

私が考えたのは、科学的に検証し、合理的な工程をしくみにすることで、省力化を図るという戦略でした。そのひとつが、ＩＣＴの活用です。

実は、大学時代に単位を落とすほど夢中になってやっていた家庭用ゲーム機の中古買取販売ビジネスですが、作業を効率化するため、当時独学でデータベースプログラムを構築し、ＰＯＳシステムを組み上げて運用していたことがあります。この経験を活かし、農業生産法人になった後、農作業の管理に必要なプログラムはすべて自分でアプリを開発し、運用していました。

農業ビジネスを広げていくと人手が足りなくなり、作物の見回りの頻度が低下してきめ細かな状況把握ができなくなります。この課題を解決するため、生産管理アプリを作って、遠隔カメラだけでは伝わってこない情報を「見える化」して共有できるようにしました。開発時は解析に必要なビッグデータもなく、自社からしかログ取りできない状態でしたが、試行錯誤しながら改良を加え、運用も充実させていきました。

一元的に管理した情報は、センサーから得られる温度や湿度、二酸化炭素の濃度、日射量、土壌の水分含有量などの情報と、作業スタッフからのレポートによる作物の画像、生育状況の記録などです。これらのデータはすべてインターネット上のクラウドに蓄積され、パソコンだけでなくスマートフォンからも、24時間いつでも確認することができます。

農作業を行うスタッフの記録もデータ化し、アプリの運用で効率化していきました。

起業から2、3年もすると、関西一円という広範囲で農場運営をするようになり、その中には観光農園や貸し農園もあって、それぞれが事業目的も異なるため、管理や仕事に対する評価をするのがたいへんになってきました。誰が、いつ、どの圃場で、何時間、どのような作業をしたのかといった作業スタッフのマネジメントの基本すらもおぼつかなくなります。かといって管理しすぎても窮屈ですし、レポートも人それぞれで傾向が違っており、なかなかうまく回らなくなってきました。

そこで、スマートフォンで操作できるアプリを開発しました。レポートの項目は選択式で入力することができ、簡単にデータを送ることができるようにしました。また、作業内容も選択式にすることで誰が入力しても内容にばらつきがないですし、肥料や農薬の使用記録も確実に残すことができます。データベースでの分析加工も容易になりました。これによって、いつでも全体把握や情報管理ができるようになりました。

また、GPSを利用し、マップ上で農地の位置を正確に設定できるアプリも開発しました。位置データの活用により、農地ごとの作業管理が一気に楽になりました。作業スタッフへの指示も、紙の地図を使っていたときは時間がかかる上に農地を間違えてしまうトラブルがよく発生していましたが、アプリを導入した後は間違えて隣の農場の作業をする初歩的なミスがなくなり、効率化やスタッフの作業水準の向上を図ることができました。

このように、ICTの技術をもってデータを活用することにより、農業ビジネスの可能性が大きく広がります。3アール（300平方メートル）しかなかった農場を、5年で30ヘクタール（30万平方メートル）を超えるまでに成長させることができたのです。

プログラム開発やらデータマイニングやらと聞くと、難しく手の届かないものだと思われるかもしれません。たしかに当時はまだ大変なところもありましたが、今では簡単に情報も技術も手に入ります。アプリ作成も、日本語で運用できるものやモジュールを組み合わせるだけですむものがたくさんあります。敬遠せず、まずやってみることをおすすめします。

9, 3つの戦略で利益を生み出す

農業をビジネスとして考えるとき、経営の概念を常に持ち続けることが重要です。

組織を経済的に持続可能なものとするために必要なものは利益です。多くの場合、売上を評価基準にして出荷量や販売総額を見てしまうのですが、採算を度外視して無理な働き方や必要でない仕事を作ってしまっては長続きしません。注目すべきは利益です。

ものづくりの場合、固定費を回収し終えた後はそのまま利益につながります。構造上は売上が上がれば上がるほど、あるいは製造量を伸ばせば伸ばすほど、製造原価が抑えられます。このため、損益分岐点を超える売上をつくることこそが最重要課題とばかりに、売上を増やし、製造量を上げることに躍起になってきました。しかし、今はデフレが当たり前の下り坂の経済市場が飽和して売上が伸長しなくなってくると、必ずしも売上の増大が利益の増大につながらないという現実を忘れてはなりません。

中小企業白書2006年版（少し古いのですが統計として確かなものはこれが最新）に、起業後の経過年数別生存率が公表されています。個人事業ベースでは3年で30％台まで減り、5年で約25％、10年で約12％しか生き残っていません。会社ベースだと少し数値は上がりますが、それでも生き残るのは3年で約63％、5年で約53％、10年で約36％です。

このデータは「だから起業はそんなに甘いものじゃない」というニュアンスで引用されることが多いのですが、ほんとうに読み取るべきメッセージは違います。最初の3年でがっくりと落ち込んだ後は、徐々に割合を減らしています。ビジネスは起業の直後が肝心で、最初の数年をうまく乗り切れたら年数を重ねるにつれ安定してくるのです。

どんなビジネスでも、起業したてはうまくいくかどうかわかりません。でもだからといって「起業後数年は赤字が当たり前」とのんびり構えていては間に合わない。「魔の3年」の間に軌道に乗せてしまう必要があります。戦略をたててビジネスをしくみにし、早いうちから利益を出しておくべき理由はここにあるのです。

信念だけでは体力がもちません。再現性をもったしくみで利益を上げ続ける体質をつくることこそが経営戦略の要諦です。とくに初期の段階は、検証と実践を繰り返す「PDCA」サイクルを高速で回すこと、さらに検証の「C」を軸に高速で実践を繰り返し、変化に対応しておくことが肝心です。

では、どのようにして利益を上げていけばよいのでしょうか。

利益の計算はいたってシンプルです。利益イコール売上マイナス費用。つまり、費用を抑え、売上を確保する。これが経営の原則です。

利益を出すパターンには「規模の経済」「範囲の経済」「密度の経済」があり、産業や業界ごとに効果が違います。例えばメーカーでは固定費が大きいためすぐに利益は出ませんが、一定量を超えた場合はレバレッジが効いて大きな利益を見込むことができます。一方で卸売業は、固定費はそれほどかけなくてもいいのですぐに利益を出すことができますが、1個を売るための費用が大きいので、量を売ればいいという規模の論理はあまり働かず、どんぶり勘定をしているとすぐに赤字になってしまいます。

製造業など、固定費がかかる業態で利益を出すときは「規模の経済」が必要です。固定費は、土地建物や大型設備、人件費などにかかる費用で、売り上げの大小にかかわらず一定の額がかかります。このため、生産量が大きくなればなるほど、商材あたりに必要な原価は小さくなっていきます。農業ビジネスでいうと、水稲にしても、施設栽培にしても、最初の設備投資はかなりの額に上りますから、特定の作物のみを商材にする場合、固定費分を超える売上を出せるまで規模を広げていく必要があります。規模によっては想像できないくらいの利益が出ることがありますが、単一の商材に集中させて規模を大きくした場合は、不測の事態で収穫できなかった場合のリスクが大きくなります。

「範囲の経済」というのは、既存の経営資源を別の商材に活用して多角的に売上を伸ばすことにより固定費の負担を薄める手法です。食品をつくって販売していた店が別のサービスにも手を広げ、多角的経営を行うようなスタイルです。農業ビジネスでいうと、農地の整備方法や機材は共通のものを流用しつつ、多品目栽培を行うのが範囲の経済にあたります。最近の農業ビジネスでは、単一の作物を栽培するよりも売上を確保できる傾向にあります。うまく生産工程を管理してコストカットを図れば利益をさらに拡大させることができます。また、不作だったときにも他の品種でカバーできるなど、リスクヘッジにもなります。

第5章で詳しく説明しますが、2013年、2014年と立て続けに水害に遭ったとき、農地の拡大（規模の経済）と業態の多角化（範囲の経済）を駆使して農業ビジネスを拡大し、増収増益にもちこみました。

ビジネスの戦略は、タイミングと状況によって最適な方針が変わります。前回うまくいかなかったものが次回の最善手になることもしばしばあります。常に柔軟な思考で機をみることが肝心です。


「密度の経済」は、商材を集中させ、流通にかかるコストを極力抑えて利益を確保するスタイルです。現在の小売や卸販売、飲食などサービス業に広く当てはまる法則といえます。農業ビジネスでいうと、栽培する畑と収穫した作物を調整する場所、調整した場所から出荷する場所、卸販売の場所、各地の店舗と、移動するたびにコストがかかります。栽培する畑のデザインも同じです。管理や収穫を集中的に行えるよう、効率を考えた設計にする必要があります。

いわゆる地域密着を志向する事業は、このような効率を考えているわけです。店舗数が多いと、配送コストや中央管理コストにおいて規模の経済も働き、優位性をもつようになります。

ただし、地域を限定すると需要の数は限られ、パイの取り合いで利益が出なくなります。密度の経済は、地域の需要量によって適正規模があるのです。

適正規模があるということは、言い方を換えれば、ある程度集中して地域に広めると寡占でき、ライバルが入り込めなくなるわけです。地域でナンバーワンの地位を築いてしまえば、大手企業にも対抗できます。

私たちが運営した「市島ポタジェ」を例に、「ここで食べる体験」を商材の付加価値にした「コト消費」のお話をしましょう。

「Farm to table（ファーム・トゥ・テーブル）」という言葉をご存じでしょうか。アメリカで生まれた食に対する考え方で、農場（生産者）から食卓（消費者）へ安全で新鮮な食材を直送するイメージの言葉です。日本でもレストランなどで少し前から話題を集めており、「地産地消」や「サスティナブル（持続可能）」な食のあり方にもつながるものです。

私も農家レストラン「市島ポタジェ」を運営していました。農地の敷地内にレストランをつくり、野菜や家畜を育てながらオーナーシェフもするわけです。

このとき大切にしていたのは、野菜などは遺伝子組み換えをしていない「種」を厳選し、鶏は平飼いにして飼料には自分の畑で栽培するオーガニックのものを使うなど、安全な食材のイメージを大切にしつつ、採れたてをその場で料理する新鮮さ、安心さを打ち出したストーリーをつくることでした。

レストランで使用する肉は、自身の所有する山で自然のまま育ったジビエ肉を使い、手づくりの要素を多面的にみせるなど、細かい部分にまで気を配りました。前章でもお話しした獣害対策が高じて狩猟免許も取っていましたし、命のありがたさを実感しながらの運営でした。どこで何がつながるか、不思議なものです。

農場とレストランが近いというメリットには、「安心安全でおいしい食材の提供」だけでなく「環境への配慮」もあります。例えば、食材を箱詰めするための容器や包装紙は不要になりますし、運搬することで発生する温室効果ガスの削減にもつながります。

もうひとつ、農地での「コト消費」には、人と人がつながっていくという大きなメリットもあります。

「ファーム・トゥ・テーブル」の考え方を日本に広めたいという私の思いからスタートした「市島ポタジェ」は実にさまざまなメンバーが賛同し、集まってくださいました。資金を集める専門家、農業の専門家、農地の専門家。スペシャリティな領域で活躍する多彩な人たちが集まり、得意な領域で生き生きと活躍してくれて、大きな人財を手に入れました。

有機農業を実践している農家から食材を仕入れ、その日ごとに変化する「スペシャル」料理にする。お天気や地元の習慣など現地のスタイルにさりげなく寄り添い、その場その瞬間の「生きた」商材を提供するわけです。いろいろなこだわりを詰めこんで提供した食材と料理は大好評でした。夕方のオープン時間になると、地元の人たちを中心に続々とお客様がこられます。気取らないレストランのあり方が農地周辺のみなさんに愛されて、地域コミュニティを温かく育てる素敵なたまり場にもなっていました。

「市島ポタジェ」と同様、その土地ならではの商材にもうひとつ、酒米があります。

日本酒（純米酒）は簡単にいうと、蒸した米と、米麹（こうじ）を水に仕込み、発酵させて醪（もろみ）の状態にし、じっくり熟成させたあと搾って清酒と酒粕とに分けるという工程で造ります。

70％精米の純米酒で単純計算すると、仕込んだ米の約２．５倍の純米酒ができます。玄米で考えると、１升の純米酒を造るのに１kgの玄米が必要というわけです。私たちが行っていた農法――農薬・化学肥料に頼らず慣行農法の倍ほどの間隔を空けて育てる田んぼだと、平均で1反（約1000平方メートル）あたりの玄米は6俵（約360キログラム）。純米酒360本分です。1坪（畳約2畳分）で造ることのできる純米酒が1本という計算になります。

つまり、採算がとれるようにするには、酒米の圃場は相当な面積が必要になるわけです。

水稲農家では「足あとは最高の肥料」という言葉があるほど、毎日田んぼに足を運んできめ細かな手入れをする必要があるのですが、膨大な面積の田んぼで本当に足を入れようとしたら身が持ちません。大規模な稲作は機械化するに限りますが（このあたりは、第3章のテクノロジーの導入で詳しくご紹介しています）、大型機械の座席から稲を効率の価値だけで見るのでは、麹や仕込みといった商材の「生きている価値」から距離ができてしまいます。

あるとき杜氏にちょっとした作業が気になって、「なんで今この作業をするんですか？」と質問したことがあります。すると、「なんとなくだな」というつぶやきが返ってきました。「勘」という暗黙知は、第3章で紹介する農業ビジネスをプロジェクトにするアグリハックとは対極にある経験値です。とはいえ、醸造アドバイザーとして蔵で仕事をしているうちに「ああ、ここでもうひと手間かけてやるといい具合になる」と、直感でひらめくものがあったのもたしかです。

純米酒は、その米が育った土地の水、その土地の気候で熟成させるのがいちばんおいしくなります。蔵の大屋根に登れば見える範囲、蔵から半径5キロメートルくらいの圃場で栽培した米で造るのが理想です。酒造や醤油、味噌など、醸造するものは特に、ロケーションを付加価値にした加工品という戦略をたてることができるのです。

10, ポートフォリオで強みを分析する

ここからは、利益を生み出す商材としてどのような農作物にしていけばよいかを考えていきましょう。

先述しましたが、私の場合、まず野菜の中で強みとなる商材を探すことにし、ポートフォリオ・マネジメントの考え方で分析をしました。リスク分散のため、多角的な栽培でも利益が得られるよう、省力化しながら収穫量が見込めて付加価値もつきそうな作物――費用対効果の高そうな商材をいくつか選定するという戦略をとりました。

プロダクト・ポートフォリオ・マネジメントでは、市場成長率と相対的市場占有率の2つの軸をかけあわせた4象限で商材を整理し、強みを分析していきます。

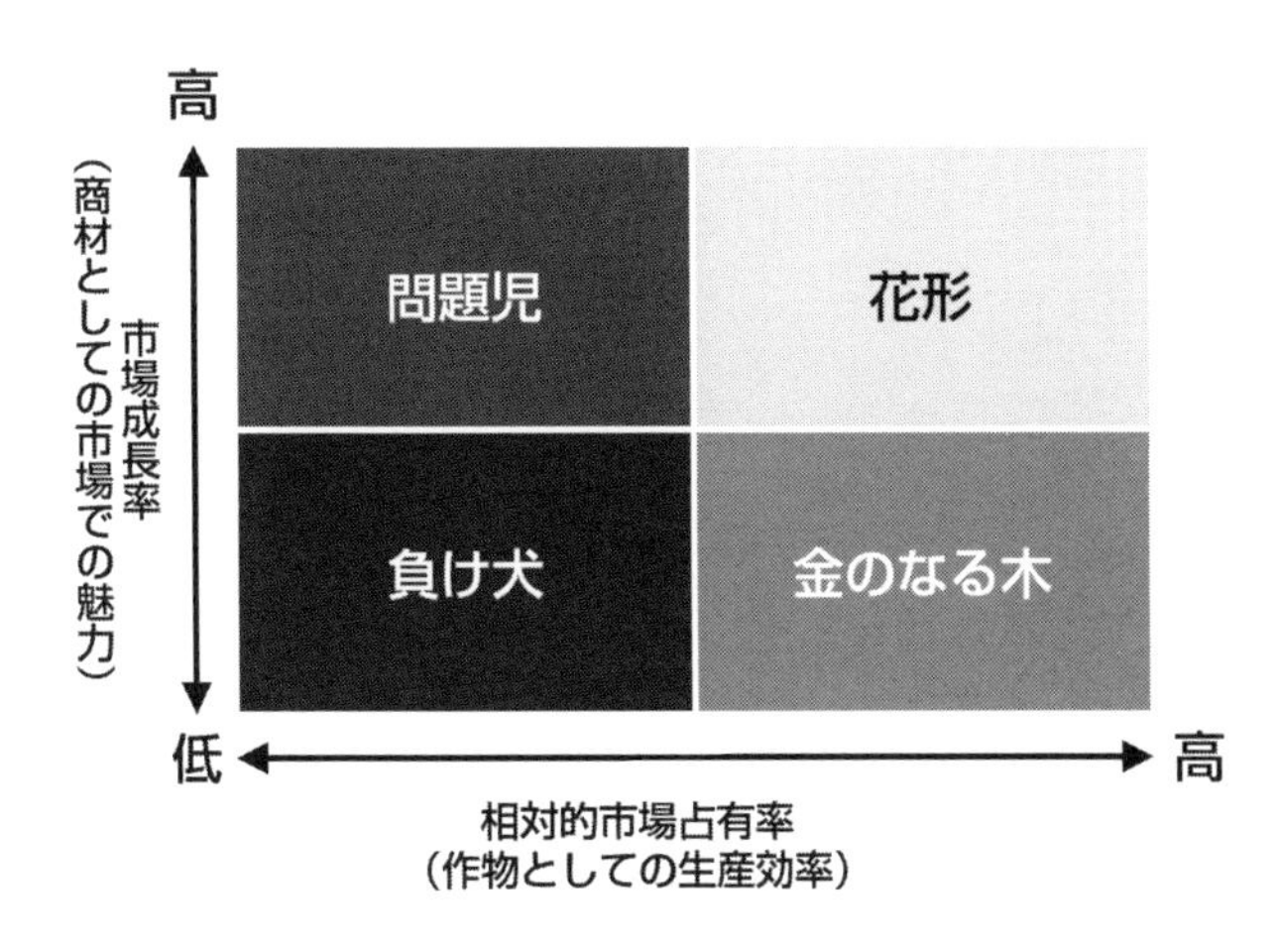

花形（成長率も占有率も高い）・・・利益が大きい魅力的な市場。競争激しく投資が必要。

金のなる木（成長率は低いが占有率が高い）・・・成熟した安定市場。持続しないと衰退。

問題児（成長率は高いが占有率は低い）・・・将来花形になる可能性。投資が必要。

負け犬（成長率も占有率も低い）・・・利益が見込めない。撤退の検討が必要。

この考え方に農作物をあてはめて検証していきました。つまり、市場成長率を「商材としての市場での魅力」とし、相対的市場占有率を「作物としての生産効率」として、野菜たちの強みを考えていったわけです。

野菜には、大きく「葉物類」「果菜類」「根菜類」

があります。そのなかで私は、最終的には「果菜類」がどうやら向いているらしいということがわかりました。言い換えれば栽培していてリズムが合うということでしょうか。

葉物類は、ほうれん草が特にうまくいきました。播種から出荷まで、ほぼジャストインタイムで納品できるアプリを自社で開発し、効率的な生産を図ることができたのです。ところが、一方でキャベツの栽培ではどうしても効率的に結球させることができませんでした。

また、減農薬で作るにはビニールハウスが必要になります。農業は見た目よりはるかに施設・設備の充実が成果に影響する「装置産業」です。大掛かりになりすぎて貸借対照表に計上される償却負担が重くなると、オンバランスで規模拡大し続けることはできません。

特に施設栽培では1施設あたりの売り上げの25から35%が機械や設備の減価償却費になります。このため、キャッシュフローが回っていても黒字化させにくく、金融機関の融資を受けづらくなるのです。

自ら農場経営する「直営型」で多展開することは容易ではないと悟った私は、フランチャイズやファンドのしくみを研究しました。機械や建物にかかる費用はファンドを運用し、オーナーに負担してもらうことで会社のバランスシートからオフバランス化し、財務負担を軽減させるなどの工夫を行っていました。このときの経験が、ファンドマネージャーという仕事につながっ

ていきました。

根菜類にも同じことがいえます。サツマイモの産地化に取り組んだのですが、まず、取引単価が安い。ハーベスタを導入すれば劇的に収穫効率は上がりますが、そのような大規模な機材をもつと費用回収は容易ではありません。イニシャルコストがかかりすぎるのです。

＜サツマイモの栽培風景＞

その点において果菜類は、取引単価も高い上、大掛かりな機械の導入も特に必要なく、初期投資がしやすいため、機動力のよいスタートを切ることができます。私もはじめ、30アール（3千平方メートル）の畑を鋤簾一本で畝立てすることが可能でした。ずいぶんと筋トレになりました。周囲の農家には、「お前はシシ（猪）か！」とからかわれましたが、筋トレが注目されている今なら、ひとつの新規事業が組み立てられそうです。

畝立てても、果菜類のよいところといえるでしょう。畝は一度立ててしまえば数年は耕作がいらず、効率的です。不耕起栽培という技法で、土を耕す目的である空気を含ませる作業をミミズに代わってやってもらうのです。人間が苦労して耕すよりも良い仕事をしてくれます。資材も減価償却が不要な程度のものが多く、低コスト。何年も使えます。果菜は、イニシャルコスト、ランニングコストともにパフォーマンスが良いのです。

このような分析により、私は果菜類に照準を絞りました。そして具体的な生産拡大の可能性を見極めるため、市場ニーズが高かった加工用トマト、ナス（千両2号、あのみのり）、万願寺とうがらし（伏見とうがらし）、丹波黒枝豆、きゅうり、ズッキーニ、オクラ、加工用トウモロコシ、アスパラガスなどの栽培をスタートさせました。

加工用トマトは、収穫が容易で、スタッフに熟練者を必要としません。また、管理もトマトの性質をみてコツさえつかめば一定水準が保てます。いろいろと生産工程の省力化を図る余地があり、規模拡大につなげることができました。

ナスは、平安時代にまでさかのぼる古来の作物ですが、1本の樹に多くの枝が分かれて実を結ぶため、単位面積あたりの収穫量が多く、収益性が見込めます。一方で、樹勢のコントロールが難しいことでも知られています。1本の樹なのにそれぞれの枝で肥効も違えば必要な養分

<ナスの栽培風景>

の量も異なるのです。枝ごとの自由気ままさは、まるで合衆国の各州が自治を行っているような独立状態です。私は研究を重ねて収量を大幅にアップさせることができるようになりました。

万願寺とうがらしや伏見とうがらしは京都の伝統野菜です。栽培に技術力が必要で取り扱いが難しいところもあるものの、伝統野菜というブランド力が期待できるため、高度のマーケティングを行うことにより価格競争が起きにくく、取引単価が高い商材といえます。

丹波黒枝豆は、もともとは自分のビールのおつまみとして作り始めたものでした。予想以上に好評だったことから、じゃあアルバイトスタッフのボーナス代わりに配ろうと作付け面積を増やしました。兵庫県で栽培される丹波黒枝豆は、しっかり乾燥させて黒大豆にすると、アントシアニンという色素でつややかな黒さを増し、ポリフェノールも多く含まれるようになります。また、イソフラボンやレシチン・大豆たんぱく質・ビタミンB1やB2、食物繊維など、高機能の栄養素分がたっぷり入っています。このような機能性を看板に掲げて売り込むとたちまち引っ張りだこの看板商品となり、規模を拡大して営農するようになりました。

きゅうりは家庭菜園でも作りやすい野菜のひとつですが、いろいろ病気にかかりやすく、虫も寄生します。また、連作すると大きな被害が出ることでも知られているのですが、別の作物を混植することにより予防効果を得ることができ、安定した収穫が見込めるようになりました。

きゅうりの他にズッキーニとオクラも栽培していました。これらはちょっと変わった展開でした。当時、著名な飲食店紹介サイトと連携し、飲食店へ野菜の販売も手掛けていたのですが、提案型で売り込む私たちは、野菜の花（エディブルフラワー）をメインに売ることにしたのです。もちろん野菜も売りますが。付加価値のついた坪効率は最高です。

トウモロコシは、生食用で一般に流通するものは流通コストがかかるため、トルティーヤ用の粉——私がアメリカで働いていた頃、モーニングやランチでよくタコスを食べた経験がアイデアになりました——として加工するトウモロコシの開発に挑みました。

取り扱ったのは「八列トウモロコシ」という種です。明治期から昭和初期にかけて、北海道で最も多く栽培されていましたが、徐々にスイートコーンにその座を譲り、昭和40（1965）

年頃にはほとんど栽培されなくなりました。その名のとおり粒の列は8つです。よく食べられているトウモロコシより姿が細く、フリントコーン（硬粒種）の仲間なので栄養価としてはでんぷん質が多く、食感はモチモチです。

八列トウモロコシは市場にほとんど出回りません。栽培している農家がほとんどいないことも理由のひとつですが、収穫すると一日で硬くなってしまうため、そもそも流通に向かないのです。一般の人たちが目にするのは、イベントなどで焼きトウモロコシの販売があるときくらいでしょうか。

このトウモロコシ栽培に関わる大きな動機となったのは、2005年に八列トウモロコシが北海道の「味の箱船（アルカ）」に認定されたことにあります。「味の箱船」はイタリアに本部を置くスローフードインターナショナルによるプロジェクトのひとつで、各地域の食の多様性を守ることを目的に、世界共通のガイドラインを基準に選定された在来品種の農畜産物や伝統漁法で水揚げされる魚介類、加工食品などの生産と消費を支援しています。

私たちは、栽培から製粉まで農地で一貫して行う「八列トウモロコシ粉」に挑みました。八列トウモロコシの栽培自体は難しくありません。しかし日本ではトウモロコシは生食用の生鮮流通の概念が強く、収穫から販売までの間の温度管理には気を配っても加工まで広げる農家は少なく、収穫後の流通に向かない八列とうもろこしの栽培から撤退していたのです。特に大規模農家は手を出してきませんでした。私は逆に競合がいないチャンスだと思い、開発に乗り出したのです。

アスパラガスの栽培は、通常だと10年から15年もの間、株を養成し、繰り返し立茎して収穫します。本格的な収穫は3年目からになり、栽培中の十数年、徹底した病害虫の対策が必要になる「薬喰い」の野菜です。私たちの農法はオーガニック栽培を踏襲してはいましたが、あくまでマーケティングの一環として選択するわけですし、工程管理の効率化で最適と判断するから採用している方法です。人間だって、病気になったときに気合いで治そうなんて思いませんよね。正しいタイミングで適切な投薬をします。

根性論で無農薬栽培はしません。私たちがアスパラガスでとった戦略は栽培期間を変えることでした。初年度に株を養成したら翌春に採りきってしまうのです。防除にかかるコストを削減できる上、1年目から収益になります。また、この栽培方法だと設備投資も必要がありません。

そして私たちは、1年目で収穫する若いアスパラガスを市島ポタジェで料理にして提供しました（市島ポタジェについては前節の「密度の経済」のところをご覧ください）。

ファーム・トゥ・テーブルのレストランがオープンして数カ月したある日、テレビ局の取材を受けました。軽くソテーしただけのアスパラガスを食べたタレントは、口に含んだ途端その衝撃で絶句してしまい、たっぷり間をおいてから称賛の言葉をつぶやきました。番組のためのリアクションかと思ったら、撮影後、大量のアスパラガスを買って帰られたのが印象に残っています。番組が放送されてからは、レストランは予約で埋まり、評判が評判を生むようになりました。

そのほかにも、小学校に「花を作って色水を作ってみよう」という企画で、無償で野菜の花などを提供し、授業にも出て農家として野菜のお話をしたりもしました。児童たちが学校から帰って私たち農家や野菜の話をし、地域で野菜が売れるという好循環を生み出したこともありました。

●野菜の品目について

野菜には、農林水産省が設定する「指定野菜」「特定野菜」「その他特産野菜」という品目別の区分があります。

○ 我が国では数多くの野菜が栽培されているが、生産量等が統計で把握されているのは約100品目。
○ 全国的に流通し、特に消費量が多く重要な野菜を指定野菜として指定。

	葉茎菜類	果菜類	根菜類	果実的野菜	その他野菜	出荷量（20年産）
指定野菜（１４品目）全国的に流通し、特に消費量が多く重要な野菜	キャベツ、ほうれん草、レタス、ねぎ、たまねぎ、はくさい	きゅうり、なす、トマト、ピーマン	だいこん、にんじん、さといも、ばれいしょ			996万トン（74%）
特定野菜（３５品目）地域農業振興上の重要性等から指定野菜に準ずる重要な野菜	こまつな、みつば、ちんげんさい、ふき、しゅんぎく、セルリー、アスパラガス、にら、カリフラワー、にんにく、ブロッコリー、わけぎ、らっきょう、水菜、みょうが	かぼちゃ、さやいんげん、スイートコーン、そらまめ、枝豆、さやえんどう、グリンピース、にがうり、ししとうがらし、オクラ	かぶ、ごぼう、れんこん、やまのいも、かんしょ	イチゴ、メロン、すいか	しょうが 生しいたけ	292万トン（22%）
その他特産野菜（４３品目）	うど、芽キャベツ、モロヘイヤ、もやし等	冬瓜等	くわい、ラディシュ等		カイワレダイコン、マッシュルーム、しそ等	53万トン（4%）

注：上記の品目は、「野菜生産出荷統計」又は「地域特産野菜の生産状況」の調査対象品目
資料：農林水産省「野菜生産出荷統計」、「地域特産野菜の生産状況」

農林水産省「野菜をめぐる情勢」（平成25年11月）

指定野菜は、野菜生産出荷安定法第2条に定められ、消費量が相対的に多く、種類や出荷時期が政令で指定される野菜で、ほうれん草やトマト、ナスなど14品目あります。

特定野菜は、地域農業の振興上重要とみなされ、指定野菜に準じる扱いを受ける野菜で、水菜や枝豆、イチゴなど35品目あります。

その他特産野菜は、特定野菜にさらに準じるもので、芽キャベツや冬瓜など43品目が定められています。

11, マーケットを客観視するフェルミ推定を知る

利益を生み出す商材を考えるとき、必ず思い出してほしいことがあります。マーケットの視点から商材を検討するということです。

ポートフォリオで強みを分析しているのだからあたりまえじゃないかと思われるかもしれませんが、なかなかどうして、農作物は作ることに意識が向きがちで、つい生産者の立場に偏りがちです。ちょっとマーケットを意識しすぎかなと感じるくらいでちょうどよいと思っていてください。

マーケット視点で客観的に考えるとき、役に立つのがフェルミ推定です。

フェルミ推定というのは、一見予測がつきにくい数値を、論理的思考で概算していくものです。新しい企画を立ち上げるときなど、前例となるデータが見当たらないとき、国勢調査などの統計データだけを頼りに市場規模などを推定する力になります。

カレー専用米の市場規模を考えてみましょう。

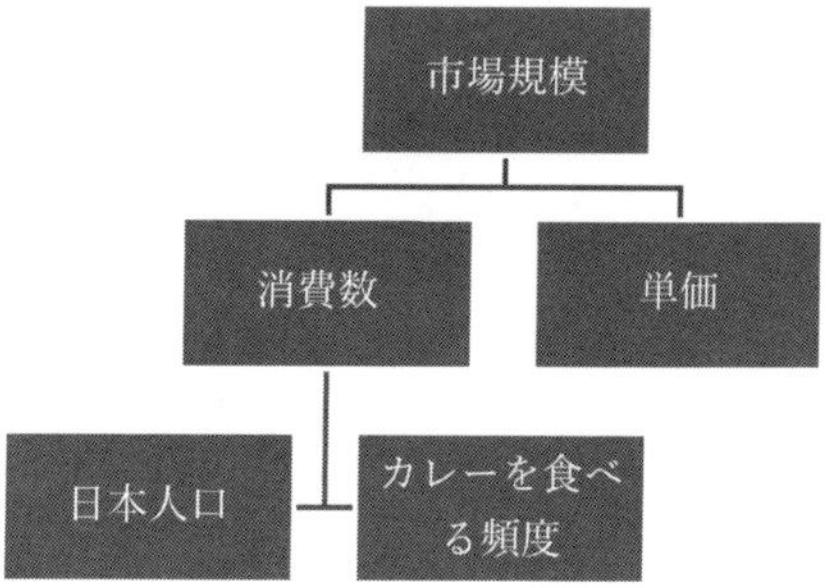

カレーの市場規模を人口から推定してみます。上図のパターンがよく用いられます。

それぞれの枠に数字を入れてみましょう。概数でかまいません。

統計上、カレーは月に3～4回家庭の食卓に登場するとされています。ざっくりと頻度を週に1回とすると1年で1人あたり50食です。日本の人口はおよそ1億2千万人。人口全体に掛け合わせると60億食になりますが、赤ちゃんから高齢者まで同じではないですから、統計で簡単にわかる年齢層の割合で分けてみることにします。15歳未満の人口が約1割、15から64歳が約6割、65歳以上が約3割とすると、次の表のような「みなし」での推測ができます。

市場規模
消費数　単価
日本人口　カレーを食べる頻度

ところで、これだけだと少しマーケットを考えるには不十分なところがあります。どこかわかりますか？

この推定だと、カレーでなくても1食あたりの米の消費量は出せてしまいます。フェルミ推定はあくまでも一般的な概数をはじき出すもの。マーケット動向を表すような精緻な数値には

	人口	食べる頻度	年間の食数	1食あたりの米の消費量	年間の米の消費量
15歳未満	1200万人	週1回	6億食	150g	9万トン
15～64歳	7200万人	週1回	36億食	250g	90万トン
65歳以上	3600万人	月2回	8億食	200g	16万トン
合計	1.2億人	–	50億食	–	115万トン

なりません。

フェルミ推定を活かすポイントは、商材の特徴をいろいろな角度から考えていくことといえます。どの商材に変えても成り立つ数式は、対象の商材の特徴を何も押さえていないのと同じです。例えば、わざわざ年齢でケース分けしたのはなぜかと考えてみましょう。ほんとうに年齢で分けてよいのかと疑うのです。同じ人口動態でも、男女の別もあれば人口密度など都市の特性も考えられます。人口区分以外にもあるかもしれません。外食や中食用としてカレーを考えるなら、店舗の数やコンビニエンスストアの店舗数などの数値だって考えられます。

カレー専用米という商材を売り込む際の消費動向としていちばんふさわしい切り口は何かを考え、商材の特徴を的確に捉えて論理的思考を駆使し、最適でよりよいものとなるよう分類の粒度や境界線を明確にしていく必要があります。

消費の立場で考えれば、まずは需要ベースでアプローチし、仮説をたててみましょう。

12, ストーリー戦略で販路拡大！

マーケットを意識したビジネスで外せないのがストーリー戦略。商材に物語をつけ、付加価値をのせることで価格競争のループから逃れる方法です。ストーリー戦略を成功させるには、次のようなポイントを押さえておくとよいと言われています。

・明確なターゲット（ペルソナ）の設定
・誰にでもわかりやすいシナリオ
・共感し、自分を投影できるキャラクターや一発で覚えて口ずさめるキャッチコピー
・付加価値を高める意味づけ（製法、歴史、時間、専門性）

農業ビジネスを始めたばかりの頃、農業について右も左もわからない私にできるのは、これまで培ったマーケッターとしてのアプローチ。販売でした。そこで、まずは近所の農家さんを回り、いろいろな野菜の栽培方法を教えていただきながら、その農家さんの野菜を販売することで生計を立てていきました。

そのとき活用したのが、商品にストーリーをつける販売戦略です。小学生のときにＰＯＰをつけてワインを売ったように、野菜もまた、産地や産物の特長などのストーリーを乗せていくことで付加価値をつけました。今でこそ販促でのストーリー戦略は珍しくありませんが、当時はまだ野菜にそのような付加価値をつけることは珍しく、おかげさまで良い販売先にもめぐりあい、販路を拡大することができました。

ストーリー戦略は、農作業のなかでも応用させました。データ化のところで紹介した作業レポートです。記録ですから継続が重要で、毎日報告する作業者への負担軽減が鍵となります。わかりやすい操作とごく短い報告ですむことから、初めの頃、スタッフたちにはフェイスブックのページ機能を利用し、レポート内容とリンクした写真を撮って社内だけに公開できる状態でアップしてもらいました。文字量は１４０文字以内。ツイッターで慣れている文字量なので抵抗が少なく、時間もかからないため、入力頻度が高くなります。少ない文字数には、もうひとつのメリットがあります。伝えたいことを絞ってわかりやすくまとめるにはちょうどよい文字量なのです。気楽に、こまめに入力する中で、的確な伝達力を習慣づけることができました。フェイスブックを使ったレポートには、ストーリー戦略を絡めた狙いもありました。アップしたレポートをそのまま現場からの声として売り出し、畑のライブ感、作物のシズル感を演出するという戦略です。作業スタッフのレポートは、まず社外には非公開の状態でアップされるのですが、私が見て問題ないと判断したらすぐに公開し、「畑の見える化」を行っていました。商品を売るのではなく、産地のストーリーを売っていたというわけです。

商材そのものにストーリー性をもたせる場合は、付加価値を高める意味づけとして、栽培方法の特殊性や品種のもつ歴史なども大切ですが、農作物は食品ですから、作物自身がもつ可能性も当然重要になります。トマトの例で少し詳しく商材をみてみましょう。

トマトは、さまざまな品種が出回っていて、それぞれに特徴があります。私が立てた戦略は、加工用トマトの産地化と商材としての展開でした。

生食用トマトは付加価値を高めようとすると、市場のニーズに合わせ、タイミングを図って水分を絞り、糖度を上げて出荷するなどの手間がかかります。面積あたりの収量を犠牲にする栽培になりますし、安定した収益を目指すには、ビニールハウスなど大きな投資が必要。イニシャルコストもランニングコストも上がります。そこで、初期投資も運用費も低く、省力化を図って大規模な収量を見込める加工用トマトに着目しました。初年度は一定の投資が必要ですが、鉄の支柱などは長期間利用が可能です。耐用年数を考慮すれば1年あたりの必要経費はかなり抑えることができます。私の場合だと、初年度10アール（1000平方メートル）で60万円程度かかりましたが、ていねいに活用すれば1年あたり十数万円以下に収まりました。

マーケットの観点から商材をみても、トマトは加工された食品のほうが通年で安定した需要が見込まれます。加工用トマトの産地化に成功した後は、トマトそのものを商材として出荷するだけでなく、HACCP対応の食品加工場を作り、トマトソースという付加価値をつけて販売し、収益を安定化させました。

トマト自身の品質について、少し考えてみましょう。食物の場合に限らず、商材の可能性を考えるときは、手にとった人がどのような感覚になるのかをイメージすることが大切です。ストーリー戦略でよく取り上げられる「カスタマー・ジャーニーマップ」などだと、特定のターゲットを絞って感情の高まりや感動ポイントを探すのですが、いきなり始めるのは難しいでしょうから、まずは、五感がどのようになるかを想像してみてください。

食物の場合、シンプルに重要なのが味覚でしょう。実は、ここでポイントにしたいのは、味そのものより食感です。糖度は可溶性固形物です。水分のほうに溶け出しているため、成分的に内質が優れていても、食感が劣っていると評価が低くなってしまうのです。トマトの場合、口にいれたときにみずみずしい果汁が溢れだすようなジューシーさが食感として評価される第一関門になります。搾汁液の重量を果肉片の重量で割ったJI値というものがあるのですが、ジューシーと評価が高いトマトと評価が低いトマトの間では15%もの開きがあります。生食用トマトで品質や栽培技術の差別化を図るなら、このジューシーさを軸により高度な分析技術を開発していくことが販路拡大のヒントになります。

もちろん、食味も重要です。トマトの組織成分で鍵を握るのはクエン酸。酸含量の品種による違いは、糖含量の違いよりも食味に強く影響を与えています。また栽培方法も組織成分を左右します。トマトの糖度は、甘味より酸味やえぐみ、苦味と密接に関連して濃度ストレスをかけると「硬い、

<フード・アクション・ニッポン　アワード2014 授賞式>

えぐい、苦い」など、食味に問題が出てくるのです。一般に、果菜類の栽培で酸度に深く関係する養分はチッソだと考えられていますが、私はカチオンの関係性に着目し、食味の改良を行いました。

その他の感覚もトマトを「体験」するには欠かせません。視覚だと、よく熟れて甘そうな、あるいは新鮮さを感じさせる赤色。嗅覚だと、採れたてのフレッシュな匂いや熟成させたときの香りが付加価値になるのですが、トマトの場合は香気成分の抽出が非常に困難で高品質感を醸し出す香での差別化は難しい商材です。しかし逆の角度から考えると、貯蔵したときに損なわれる香りも特にないということになりますから、匂いを気にせず完熟近くまで貯蔵を優先させることができるといえます。

<フード・アクション・ニッポン受賞後に実施した拡販イベント>

　このように、商材のもつ特性を見極め、消費者の「体感」をイメージしながら訴求ポイントを定めて売り込みの展開を図るのが、ストーリー戦略なのです。

　努力のかいもあって、農水省のフード・アクション・ニッポン　アワード２０１４で優秀賞をいただきました。それが当時大手コンビニエンスストアを経営されていた社長の目に留まり、出荷も決まりました。そこから加工品の販売も一気に広がったのでした。

第3章 工程を管理する

農業ビジネスのメインともいえる農作業ですが、植物を育てるというより、商材を開発し売れる形にしていく「ものづくり」や「サービス」といった姿勢が重要になります。土起こしから栽培、出荷、加工販売まで、農作業の流れをラインに乗った工程と考えて管理し、効率化を図ることにより、経費を抑えて利益アップにつなげます。

ここでは、農業ビジネスにおける工程管理のポイントとして、リードタイム圧縮、工程のパターン化、テクノロジーの導入などの事例をお伝えします。

13, リードタイムを意識したオペレーションを取り入れる

農業ビジネスを生産のしくみで捉え、低コスト体質の工程に変えていくためには、まず、生産工程がどのようになっているのかをしっかりと理解する必要があります。生産としてはあたりまえのことなのですが、自然の恵みを形にする農業はどうしてもおまかせで実りを期待してしまいがちです。ここはシビアにものづくりの視点を導入していきましょう。

現代のように量的な規模拡大による売上アップでの利益増を見込めない時代は、効率的な工程で経費を抑えることが勝負ポイントです。

生産工程管理のしくみを変えていくための切り口として最も大切なのは、「リードタイム」の短縮です。リードタイムとは、生産の所要時間のことで、受注してから納品するまでの生産工程にかかるすべての時間を指します。

例えば、京都の伝統野菜の壬生菜の場合ですと、栽培には30日ほどかかるため、少なくとも出荷日の1カ月前には生産に着手しなければなりません。これが「生産リードタイム」です。

スムーズに着手するためには、土づくりや資材・種の調達、施肥など、さらに手前から動き始める必要があり、出荷日から3カ月ほど前には生産の計画をたてることになります。これが「調達リードタイム」です。そして、収穫後に仕分けや検品・調整を行い、出荷・販売するにも数日必要です。これは「納品リードタイム」といいます。「調達」「生産」「納品」のすべての時間、約100日が壬生菜の「総リードタイム」ということになります。

余裕をもって生産することができればいいのですが、今の時代、3カ月以上先の売れ筋を見通すのは至難の業。結局、後からの変更を前提にした計画しかつくることはできません。

その結果、生産の直前や場合によっては生産中に計画が変更されてムダな段取りができてしまったり、次の工程にいけずに待ち時間ができてしまったりと、多くのロスコストが発生してしまう恐れがあります。

リードタイムが長いほど不確定要素が増え、計画変更やロスコストが発生しやすくなります。つまり、「調達」「生産」「納品」それぞれのリードタイムが短くなれば、計画の変更が起きる可能性も低くなり、ムダも減ってくるのです。

では、どのようにすればリードタイムを短縮できるのでしょうか。要因にはいろいろあるでしょうが、最も重要視すべきは、はじめの計画の精度です。各工程の作業見積もりの精度を上げることです。そして、精度を上げるための武器となるのが、前章でお伝えしたデータなのです。

こうした話を続けていると、農業ビジネスの工程管理は施設内で栽培する野菜を対象としているように感じられるかもしれませんが、そうではありません。気象状況の影響を受けやすい露地栽培こそ、季節因子を計数化して生産工程管理システムに組み込み、精度を上げていくことが求められます。

そしてもうひとつ重要なことがあります。このような緻密な計画で最短時間の流れを構築するには、正しい作業工数把握と併せて「層流化」の考え方が不可欠です。層流化とは、追い越しをさせないしくみで、計画の順に従い着実に各工程を進める状態をつくる必要があります。層流化の実現には、工程一つひとつの手順を明確にし、マニュアルなどで見える化し、部門どうしで連携を確認するなど、全工程の部門が協力する取り組みが不可欠となります。

ほうれん草で展開した「有効積算温度法を用いた収穫予測式オペレーション」を例に説明していきましょう。

ほうれん草などの軟弱野菜は、露地栽培の他、ビニールハウスなどの施設を利用した周年栽

作物		下限温度	上限温度	収穫期までの積算温度	予測標準誤差
ほうれん草	有効積算温度法①	0℃		612.1℃	± 3.7 日
	有効積算温度法②	0℃	21℃	585.3℃	± 2.3 日

ほうれん草の品種はソロモンを使用。草丈 5 cmに達した時期以降より収穫期までの積算温度を予測
A= 362 − 14.7 B
Aは草丈Bの時点から草丈 25cm になる収穫期までに必要な有効積算温度
Bは草丈（cm）

培が一般的です。軟弱野菜は収穫時期の幅が狭く、しかも貯蔵性が低いため、安定した提供となるよう計画生産と出荷予告の精度向上が市場から強く求められていました。

私たちが行ったのは、生育下限温度を0度、生育上限温度を21度とする有効積算温度法を使った収穫予測でした。

これは、「生育下限温度以下では生育が停滞し、生育上限温度以上では温度上昇に反比例して生育速度が減退する。生育下限温度から生育上限温度の間は温度上昇とともに生育速度が増す」という仮説を基に、有効積算温度を計算してどの時期に収穫できる状態まで生育するかを割り出したものです。

ほうれん草ではかなり高い精度で収穫日を予想できるようになりました。表のように誤差は3日から4日程度に抑えられます。これに需要予測を加えることにより、発注ベースでの誤差ゼロを生み出したのです。

商品ライフサイクルが短縮化している昨今、気象の変化だけでな

く、需要の変化も読みづらくなっています。商材としての野菜も例外ではありません。ほうれん草などの指定野菜を含む「定番品」の比率は低下する一方。需要予測がたいへん困難になっているのです（指定野菜の詳細については第2章の10、「ポートフォリオで強みを分析する」の囲みコラムを参考にしてください）。

現場では目玉商品の特売やキャンペーンなど単発のイベントも不規則に行われ、予測の課題は増すばかりですが、店舗によっては今もなお表計算で予測を行っているところも多くあります。簡易計算では限界があると感じていても、高価な予測システムを入れるほどでは・・・とためらっている企業が少なくありません。私たちはここにチャンスがあると考えました。農作物の出荷予測を統計的にシステム化し、需要と組み合わせて販売を最適化することで、一歩先を行けると判断したのです。

統計予測にはさまざまな手法があります。予測ソフトの中には、過年の出荷実績をベースにシミュレーションするだけでなく、直近の伸び率をキャッチして売れ筋を予測に反映したり、曜日別に加重をかけたり、業態に合わせたカスタマイズができたりと、細かな対応ができるものもあります。また、特売やキャンペーン企画によって需要は大きく変化します。こうしたマーケット情報もシステムに組み込んで統計予測に加えることにより、販売予測はさらに実態に即した数字に近づきます。

単発的な大口受注など、今後の統計予測にノイズを及ぼすような実績は、自動または手動で計算から除けるようにしておくなど、経年で活用できるようにシステムを構築するのもポイントです。また、どんなに精度が高まったとしても百発百中の予測はありませんから、予実のチェックは重要です。予測のシステム化によって予実異常を常に監視し、実需が予測とずれたらいち早く販促の企画を投入する、今後の予定発注量をコントロールするなどの対策を打つことができます。

こうした心得はアメリカでミュージックフェスティバルの運営をしているときに養われました。どんな経験も相通じるものがあるのです。

14, WBSでプロジェクトを管理する

統計的な予測と並んで重要なものに生産工程の精度があります。農作物を商材の生産と考え、オペレーションを効率化するために生産工程をプロジェクト管理しましょう。これは作物の品種によらず、すべての営農作物にいえることです。

カテゴリ	タスク	担当	開始日	終了日	工数		進捗	11月度													
					予算	実績		8	9	10	11	12	13	14	15	16	17	18	19	20	21
								日	月	火	水	木	金	土	日	月	火	水	木	金	土
カテゴリA																					
	タスク		2020/11/8	2020/11/13	1.0	5.0	100%														
	土壌分析作業		2020/11/8	2020/11/16	1.0	36.0	90%														
	営農計画書提出		2020/11/22	2020/11/29	20.0	5.0	80%														
	施肥設計書提出		2020/11/23	2020/11/30	10.0	12.0	40%														
	営農計画書提出　修正版		2020/11/30	2020/12/7	10.0	8.0	60%														
	土壌分析および施肥設計ＦＩＸ		2020/12/1	2020/12/8	15.0	5.0	50%														
	全体ＦＩＸ		2020/12/9	2020/12/12	17.0	5.0	40%														

WBS

ガントチャート

プロジェクト管理のしくみを理解するには、ＷＢＳを知るのが近道です。ＷＢＳは「作業分解構成図」（Ｗｏｒｋ Ｂｒｅａｋｄｏｗｎ Ｓｔｒｕｃｔｕｒｅ）を指し、作業を分解して構造化する手法です。作業（タスク）を分解してできた最小単位をワークパッケージといい、工程を考えるベースとなります。ＷＢＳはタスクの分解ですから期間は別に考えます。スケジュールをつけた表はガントチャートといいます。

ＷＢＳを作成する目的は作業を明確にすることです。プロジェクトの目的・目標を明確にし、実現するために必要な作業を階層化しながら整理して優先度や実施時期、人員や資材などのリソースの配置を明確にします。作業項目やプロセスが明確になるため、作業範囲や担当などの抜け漏れを防いだり、認識の統一を図ったりすることができます。関わる人たちの中に共通認識が生まれることで、コミュニケーションの向上も期待できます。

WBSは、次のような流れで作業内容を洗い出し、階層をつけて整理していきます。

①プロジェクトの目的を明確にする
②目的を実現するために必要な目標を明確にする
③目標ごとに、達成するために必要となる作業（大枠）を洗い出す
④作業（大枠）を実施するための作業（詳細）を洗い出す
⑤作業（詳細）を行うときに何が必要で誰が行うのか、担当と必要な資源を整理する
⑥作業（詳細）の順序と必要時間を設定する（人数と資源の数により変動）
⑦作業全体のレベル感を合わせ、階層化して整理する

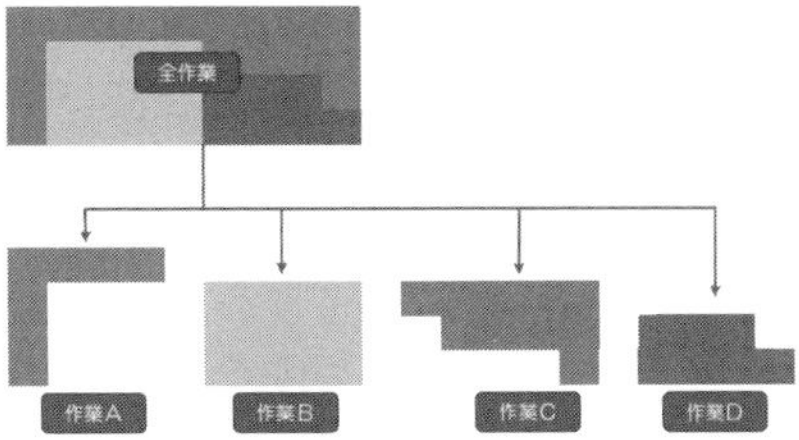

WBSは構造化の基準をつくっておき、効率化や標準化を図るようにしてください。プロジェクトの種類ごとに基準となるWBSを作ることで抜け漏れを防ぐこともできますし、WBSが洗練され、作成時間の短

縮にもつながります。

ＷＢＳの目的は作業を明確にすることですが、すべての作業について同じように情報があるとは限りません。不明確な作業を無理やり分解しても実態に合わず、進めるうちにずれが生じます。うまく構造化できないところはひとまずそのままに、できるところの計画を進めながら段階的に詳細化していくと良いでしょう。

15，パターン化とレビューでコストダウン戦略を立てる

商材としての作物の原価には、直接経費と間接経費がかかっています。直接経費は、資機材や種苗代、施肥代、人件費、油代など、作物を栽培するのに直接必要となるものです。間接経費は、土地代や事務所の運営事務など経営に必要な費用で、直接経費の額に応じ、按分して上乗せします。

原価率を下げる、経費削減というときは、これらの費用からムダなコストを洗い出していくことになります。例えば直接経費のうち、資機材や種苗などの材料費はわかりやすく削減できそうに見えますが、値段が高い苗の調達をやめて種取りや育苗を行うことにした場合、人件費

や育苗管理の経費が余計にかかります。ひとくちにコストを下げるといっても単純ではありません。

バランスの良いコストダウン戦略には、「設計パターン」のしくみを作ることが鍵となります。手順や判断基準を揃えて工程の標準化を図ったり、情報管理を統一したり、工程管理を一元化したりして、同じ作業工程をさまざまな品種で使いまわしできるパターンにしてしまおうというわけです。

具体的な設計パターンには次の5つがあり、あとの番号になるほどパターン化されていきます。

①開発設計　ほとんど参考例がない場合の新規圃場設計、もしくは新しい技術要素を多く盛り込んだ設計。一から開発するため、かなりの設計工数とリードタイムがかかります。

②新規設計　受注する都度新規で設計を行いますが、ある程度経験値が活かせるものはこれまでの事例を参考にします。共通部分はあるものの、ほとんどを新規に設計するため、工数はまだ多く必要です。

③流用設計　基本的な土壌設計を流用しながら、作物の品種別に必要な部分を新規に設計す

る方法。全体として新規設計ですが、基本の流れはパターン化しつつある段階です。

④分割設計　基本パターンとオプションとなる部分を切り分けた設計。基本パターンの部分はそのまま用い、オプション部分だけを新規設計します。

⑤組み合わせ設計　基本部分は数パターン、オプション部分は十数パターンを設計しておき、受注の都度組み合わせて工程をつくる設計。新規設計はほとんどありません。

設計パターンを考える際に注意したいのが、顧客要求を満たそうと本能的に新規設計を行いがちになるという点です。自然環境を相手にすることもあり、「手間ひまをかけるほど愛情がこもる」「ひとつとして同じ環境はない」など、心機一転とばかりの新規設計をしたくなるところですが、農業ビジネスはあくまで生産管理。だまされてはいけません。

受注を受けた段階でどの設計パターンがふさわしいか、ポートフォリオのところで紹介した「収穫力」×「販売力」の分析結果を踏まえ、冷静に見極めていくようにしましょう。

そして、設計パターンを定着させ、低コストの工程を確実なものにしていくために不可欠なのが、「コストレビュー」です。レビューは工程を経た成果をふりかえること。現場視点で設計を点検することにより、資材の共通化や資材点数の削減、手順の改善など、生産コスト全体

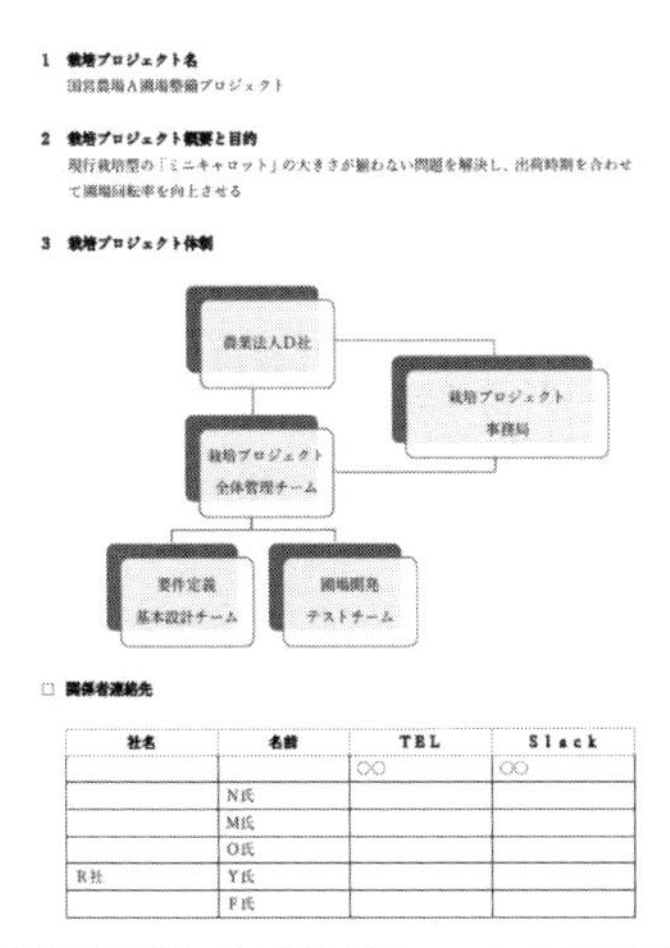

1 栽培プロジェクト名

国営農場A圃場整備プロジェクト

2 栽培プロジェクト概要と目的

現行栽培型の「ミニキャロット」の大きさが揃わない問題を解決し、出荷時期を合わせて圃場回転率を向上させる

3 栽培プロジェクト体制

□ 関係者連絡先

社名	名前	TEL	Slack
		○○	○○
	N氏		
	M氏		
	O氏		
R社	Y氏		
	F氏		

開発設計による営農ツールの展開例

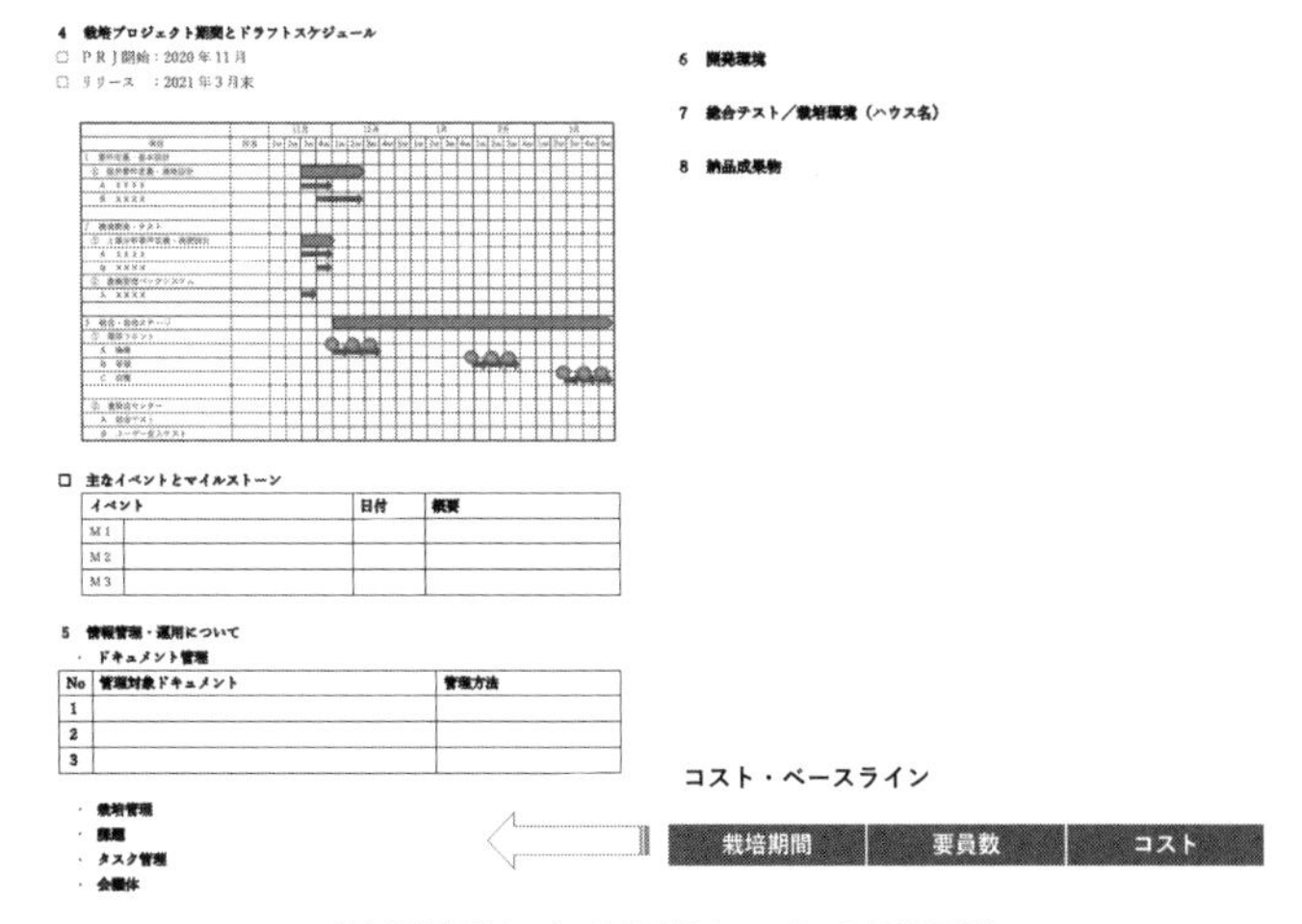

4 栽培プロジェクト期間とドラフトスケジュール

□ PRJ開始：2020年11月

□ リリース　：2021年3月末

□ 主なイベントとマイルストーン

イベント		日付	概要
M1			
M2			
M3			

5 情報管理・運用について

・ドキュメント管理

No	管理対象ドキュメント	管理方法
1		
2		
3		

・栽培管理
・課題
・タスク管理
・会議体

6 開発環境

7 総合テスト／栽培環境（ハウス名）

8 納品成果物

新規設計による営農ツールの展開例

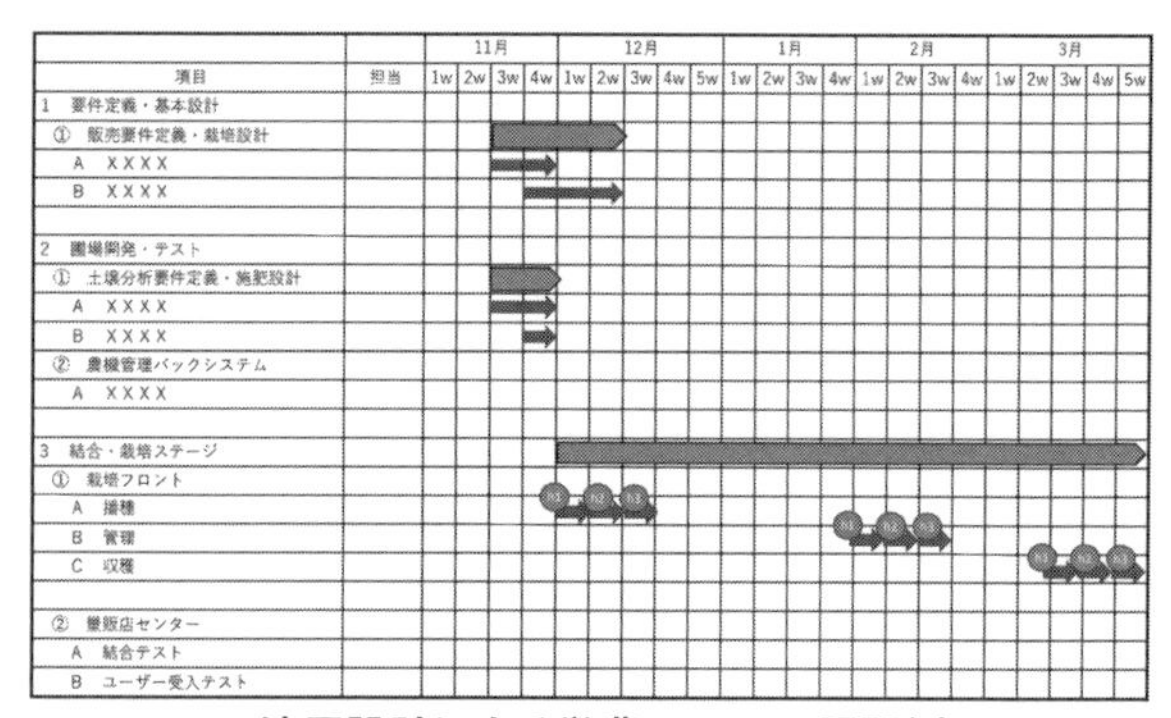

流用設計による営農ツールの展開例

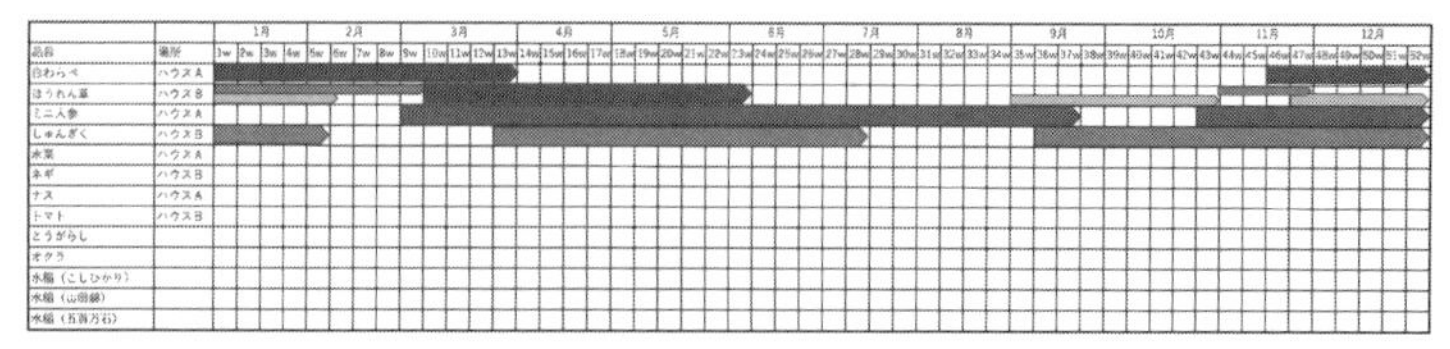

分割設計による営農ツールの展開例

	1月	2月	3月	4月	5月	6月	7月
	1 2 3 4	5 6 7 8	9 10 11 12	13 14 15 16	17 18 19 20	21 22 23 24	25 26 27 28

マイルストーン　★キックオフ　(1/7)　★要件定義ウォークスルー検収　★基本設計ウォークスルー検収　★移動判断

販売管理システム

アプリケーション　／　開発・テスト稼働準備　／　プレ稼働

- ・導入目的の明確化
- ・現状課題／要望整理
- ・機能要件定義
- ・システム範囲確定
- ・非機能要件確定（教育・移行など）
- ・導入／稼働スケジュール確定

- ・システム基本設計
- ・データ連携設計
- ・権限・セキュリティ設計
- ・テスト計画
- ・データ移行計画
- ・教育プログラム

- ・開発
- ・単体テスト
- ・結合テスト
- ・総合テスト
- ・データ移行テスト
- ・データ移行

- ・ユーザー受け入れ試験（一部店舗で導入開始）
- ・稼働フォロー

POS店舗

連動POS　／　キッティング、インフラ開発、マスタ移行　／　プレ稼働

- ・導入目的の明確化
- ・現状課題／要望整理
- ・機能要件定義
- ・店舗機器、インフラ調達計画

- ・I／F設計、開発、テスト
- ・データ移行設計、開発
- ・データ移行テスト

- ・POSキッティング
- ・データセンター開設
- ・ネットワーク全店舗開設
- ・マスタ移行
- ・教育

- ・ユーザー受け入れ試験（一部店舗で導入開始）
- ・稼働フォロー

組み合わせ設計による営農ツールの展開例

の削減に貢献します。

多くの場合、必要とわかっていても納品までで手一杯でレビューまではなかなかできないのが現状かもしれません。でも、うまくレビューを活用しないと、毎回同じようなところにコストがかかり、足を引っ張ることになります。確実にレビューができる体制は、はじめの設計段階で、工程の中に組み込んでおくことが重要です。

このシステムはあくまで全体最適化の話でもありますので、特定の作物に効果があるという話ではなく、例えば、きゅうりでよく使われる支柱をナスでもトマトでも使っています。資材も作業も共通化し、パターン化することでサンクコストをシュリンクさせる取り組みで、以下のような効果が得られます。

・資材点数の適正化、共通部品化、パターン化・ユニット化の促進
・特殊材料や特殊資材、特殊生産方法などに起因する材料コストアップの回避
・材料選定ミス、調達先選定ミスの軽減
・生産工程数削減による人件費抑制

構造化だ、パターン化だ、レビューだと、管理のしくみをつくる方法は、かえって作業を複雑にし、管理職を置かなければならないなどコスト高になりそうだと思われたかもしれませんが、そんなことはありません。

しくみの中で作業を自動化させるということは、関わる人が作業内容や役割を理解して判断に迷うことがありません。自分の作業に集中できるため、中間管理職は必要なくなるのです。また、しくみになっているということは、各作業を構成する人員も機能として考えることができます。属人化されていないため、たとえトップが変わったとしても動き続けることができます。実際、私も組織全体を他の人に譲るとき、実にスムーズに移管されたため寂しいくらいでした。

このような設計パターン化やレビューによるコストダウンの技術は、繰り返すごとに改良され、さまざまな品種の設計に応用していくことができます。積み重ねることによって「低コスト体質企業」に転換することができるのです。

しくみが変わればコストは必ず下がります。どうか勇気をもってチャレンジしてほしいと思います。

16, コストとベースラインを算出する

農作物を生産工程として管理する際、プロジェクトマネジメントの構成要素として重要なもののひとつが「コスト・ベースライン」です。ベースラインというのは「監視され、管理される作業の成果物と比べる基準」とされており、「スコープ（WBSで整理された作業範囲）」「スケジュール（実際の進捗状況と比べるための日程）」「コスト（予算）」の3つの内容が盛り込まれます。

コスト・ベースラインの算出は、資源カレンダー（生産に必要な人・モノなどの資源をそれぞれ投入する日やシフトを示した日程表）に記載するすべての資源をコスト化します。

資源は多くの場合、社内、または市場から調達されます。コスト化には調達単価が必要ですから、単位は「万円」で揃えます。

社内調達の社員費用と外部調達の協力会社費用を足した額が圃場開発費用で、これが栽培プロジェクト進捗管理のコスト・ベースライン、つまり、成果を実現すべき目標値の目安になり

ます。このとき、農産物開発機械など一括で計上する費用を栽培プロジェクトの開発費用に含めてコスト・ベースラインに乗せてしまうとプロジェクトの進捗に連動しなくなります。切り分けておきましょう。

栽培プロジェクトのコストを見積もるとき、栽培プロジェクトで開発する新システムのソース・プログラム命令数を指標としてよく使います。開発規模を表現する数値としては、その他に機能数、画面・帳票数、データベースの項目数、プログラム本数等がありますが、これらを使用しないことが国際的な常識になっています。

一方でソース・プログラム命令数とそれから計算される栽培プロジェクト全体の生産工数だけでは、栽培プロジェクトの現場は動けなくなります。

現場の栽培プロジェクトは、スコープ（ＷＢＳ）で定義された作業工程を担当者に割り振り、各自がスケジュールに従って工数をこなしていくことによりプロジェクトが進行します。農産物開発担当者の設計・農産物の開発能力、圃場開発機械の制限、栽培プロジェクトの品質等を、栽培プロジェクト全体の生産工数見積もりに反映していきます。

栽培プロジェクト全体と、ソース・プログラム命令数の生産工数を結びつけるには、開発フェーズへの生産工数配分を意味する工数比率が必要です。栽培プロジェクト期間から農作物開発フェーズの期間を決定するには、期間比率が必要になります。

このように、トップダウンで栽培プロジェクト全体の予算を見積もっておき、ボトムアップで直近のスケジュールから実際の工数を見積もる方式を「ローリング・ウェーブ方式」と呼んでいます。先の見えにくい栽培プロジェクトにおける実働的な見積もり法として定着しています。

17, まず常識を疑ってみる ～作物別アグリハック～

ここまでコストカットの話を中心に進めてきましたが、削減だけが最善策ではありません。投資すべきときには投資する勇気も必要です。

例えば、商材の開発を行う場合。新規掘り起こしを狙う状況では、切り詰める対象ばかりを追いかけ、投資をするということはひらめいてこないでしょう。ムダな時間を過ごしたり、後戻りしたかのような状態のときに常識離れしたアイデアが浮かんでくることもあります。

ここからは、いくつかの作物で試行錯誤し開発したアグリハックをご紹介しましょう。

●トマト

トマトを育てていると尻腐病や裂果などの障害が発生し、思った以上に収量を落としてしまうことがあります。私はいろいろな品種のトマトで栽培方法を研究しましたが、その中で初期投資が少なくてすむソバージュ栽培（野菜のもつ力を最大限に活用する露地栽培）の例を紹介します。

ソバージュ栽培では、どうしても裂果などの生理障害が避けられません。同心円状にひび割れたようになる裂果は、高温日射で老化した果実肩部が、降雨による土壌水分の急変や果面からの給水による膨圧で裂ける現象です。露地栽培では完全に防ぐことは困難で、ずいぶん悩まされましたが、私はなぜその障害が起こるのかを徹底的に観察し、実験を繰り返して追究しました。

降雨で裂果が生じる、つまり雨が降ると身割れを起こす現象は、根から水を吸いあげるときに割れるというより、トマトのへたの部分から水が入りこんで実の表面からの給水で膨張し、割れるというイメージです。このため、水やりの時間をコントロールするだけで、ある程度の解決はできます。大分県の農林水産研究指導センターが行った実験によると、水やりを早朝から午前11時頃にずらすだけで裂果率が下がりました。これは、早朝は光合成が弱く、葉からの水分の蒸散も少ないので、与えた水が葉よりも果実に流れやすくなってしまい、そこから裂果が生じやすくなると考えられるからです。

しかし、私たちの農業生産法人では、この常識とは逆の方向で解決を図りました。つまり、常に給水状態にし、水分量を一定に保ったのです。トマトに水慣れさせておくことで身割れを防ぐ戦略でした。たまたま作業スタッフが間違えて指示の5倍もの施肥をしたときに長梅雨が続き、川に浸かったようになって常に給水されていたトマトの苗が不思議なことに例年の2倍以上の収穫になったことがあり、それをヒントに開発した方法です。これは糖度がある程度下がってもよい加工用トマトだったからできたことですが、食材に応じたハックを探求したひとつの例ではないかと考えています。安定した収量の確保で販路を拡大することができ、加工用トマトの出荷では西日本1位という実績を残すことができました。

●万願寺とうがらし

万願寺とうがらしのような伝統野菜の栽培は、伝統に対して敬意を払いつつ、せっかくのブランド力――伝統という魅力をいかに発揮したマーケティングを図るかが勝負です。

ここでは伝統野菜の栽培方法については触れず、栽培の効率化や収益性についてのヒントをハックとしてご紹介しましょう。

当時、栽培面積は50アール（5000平方メートル）ほどで3千本の万願寺とうがらしを栽培していました。耕作を始めて4期目は水田の転作地が多かったこともあり、根張りをよくするために大きな畝をたててみたり、灌水装置をつくってみたり、排水対策や仕立て方についての研究を重ねてきました。株の重量分散がうまくいかないと横風で根を痛めてしまいますし、むやみに固定することで収穫時の作業の負担があってもいけません。また消耗品が多く必要になる方法は、栽培面積が広いと毎年のランニングコストに影響します。試行錯誤の結果たどりついた方法が、「平面3本仕立て強化版」でした。3本の支柱の誘引紐に、株ごと支えるために中張りと横張りを増やしたものです。４本仕立てよりは手間が少なくてすみ、生育に合わせて誘引紐の調整や株の固定をこまめに行い、収穫時に理想的な樹形に育てていくことができるのです。

このポイントは、生育の状態に合わせて仕立てていくことです。万願寺とうがらしがどう育つのか、常に先をみて圃場環境を整えることで仕立て方を理想型に近づけていきます。

3本のV字栽培（上）と
平面3本仕立て強化版（下）：ナスの栽培例

このような形で栽培時の収益性を確保しつつ、伝統野菜という知名度を活かした販売をしかけていきました。おかげさまで、販売量は京都で1位という実績につながりました。規模の拡大に人が追いつかず、真夏の昼にも収穫が必要になるときもあったほどでした。

ただ、伝統野菜については、その種を守る必要があり、苗の取扱や出荷にはそれなりの制限がかかるのも事実です。むやみやたらとマーケットを広げるという形ではなく、あくまでも伝統に敬意を払う姿勢が重要です。

●ナス

ナスも栽培パターンをいろいろ研究しました。夏秋ナスは露地栽培がおすすめです。ただ当然ながら天候の影響は受けます。定植直後の気候は低温が続くため、生育が遅く、不安定になりやすいです。また、5月や6月は雹や強風の被害を受けることもあります。このあたりを乗り越えられるかがナスづくりの難易度の違いに表れるのですが、逆に言えばここを越えればたいていなんとかなるものです。7月に近づいて気温が上がってくると、果実の伸長が早くなり、手応えを感じることができるでしょう。

ナス栽培の主なポイントを挙げると、次のようなものになります。

・株が過繁茂にならないように注意し、内部まで十分な光を当てる。
・誘引に気をつけ、ナスの枝が太くなるように心がける。
・十分な養水分がスムーズに通過できるように畝立てする。
・生長のステージごとに、を適切なタイミングで必要量だけ施肥する。
・病害虫を予防する畑のデザインを行い、果実を放置して樹を弱らせない。

ナスの株を研究していくと、面白い特性があることがわかってきます。ナスは、株というより樹と呼べるくらいまで生長すると、誘引した枝がそれぞれで発達していき、独立国のようになります。こうなると、面積あたりの株数が少なくても収量が確保できます。

樹勢を伸ばして収量を上げる秘訣は、主枝の上の節から出た側枝に果実をつけて、収穫時に軽く切り戻すこと。ナスの樹には株あたり3から4本の主枝があります。それぞれの主枝に果実をつけた場合、約10果のナスができるとして30から40果程度と収量に限度ができてしまいますが、側枝に果実をつけたところで収穫時に切り戻すと下にある芽が成長し、何度も収穫できるようになるのです。一見面倒そうな作業に聞こえますが技術的には実に単純で、効果は高いです。特定の脇芽を残しながら果実を収穫するだけです。ほとんどの果実類では、脇芽を掻き取るのですが、このように株に近い脇芽ほど早く発生し、かつ勢いが強いため発生回数も多く、収穫できる果実の数が多くなるというしくみがあるのです。平均して4回収穫できると、1株から160果ものナスが収穫できるわけです。

●きゅうり

きゅうりの連作障害のアグリハックを紹介しましょう。きゅうりは家庭菜園でも作りやすい定番野菜のひとつですが、うどんこ病、べと病、つる枯病、褐斑病などの病害に弱く、アブラムシが好んで寄生します。また、連作すると、つる割病が発生して大きな被害を受けることがあります。

こうした課題に対し、京都の伝統野菜である九条ネギの根に生息する拮抗細菌が病気予防に役立つという性質を活用してキュウリとの混植を図りました。

まず、畑は定植の4週間以上前に、完熟した堆肥と発酵させた有機質肥料を施用してよく耕しておき、畝立てしてしまいます。自根のキュウリを連作している畑の場合、長ネギを混植してつる割病を予防します。長ネギの根には、拮抗細菌（バークホーデリア・グラジオリー）が生息しており、これが抗菌物質を産生し、病原菌を抑える働きがあるのです。

ポットよりやや大きめの植え穴（株間60センチ×2条）をあけます。次に30センチ前後に生育させた長ネギを各植え穴に立てて置き、その上にキュウリの苗を植え付けます。生育期間が梅雨に当たる春から夏の栽培では、風通しをよくして病害虫の発生しにくい環境を作るため、支柱を用いた栽培がおすすめです。2メートル40センチの支柱を60センチ間隔で合掌式に立てて、伸びたつるを誘引します。

定植直後に低温に遭遇すると、生長点部分がウイルスに感染したように萎縮する「かんざし状態」となり、生育が停止して、その後はいくら管理しても茎葉が伸長しなくなります。対策として、本葉4～5枚に生育した苗を、必ず晴天の暖かい午前中に植え付けます。遅霜の恐れがある地域では、株の周囲を厚手のビニール袋などで囲って保温するのがコツです。さらに、キュウリの浅い根を守るため、地表がやや見える程度に薄くわらを敷いて乾燥を防止します。厚く敷くと地表面まで水分が保たれ、根が地表面まで伸びて、天候による過乾・過湿の影響を受けやすくなるので注意しましょう。

●おすすめのマルチ

畝に苗を定植する際に設置するマルチは何を使うとよいのか、農業経営の話で毎回のように質問を受けます。

マルチは、畝の地温を温め、防草効果も狙えるため、畑に欠かすことのできない資材のひとつです。一般的な黒マルチ、防虫効果が期待できる緑マルチ、穴あき黒マルチに成分分解性黒マルチなどあります。いちばん使い勝手のよいのは緑マルチ（私はこれを使っていました）、手に入りにくかったら普通の黒マルチです。穴あきマルチは費用対効果が悪いし、分解性のマルチははがして処理する時間は減りますが、土にそのようなものを鋤き込んでつくった作物を買い手が食べたがるか？という感覚になります。

緑マルチは穴があいていないシートのため手間は増えますが、穴をあける道具は簡単に作ることができます。私は、獣害柵などでも使う鉄筋とちょうどサイズの合う空き缶（スチール缶）を、条間の間隔になるよう溶接して使っていました。ジャストサイズの道具になり、かえって効率的なくらいでした。

制作費用1000円未満で、買えば10倍以上はする穴あけ機を自作できてしまう。このようにアイデア次第でコストをかけずに楽しめるのも農業の楽しいところです。

18, テクノロジー導入を検討する

ここ一番で投資すべきものとしてもうひとつ、機械化によるテクノロジーの導入についても押さえておきたいところです。

機械の導入による省力化や自動化は、栽培工程の効率化を助けます。特に大規模に展開しているビジネスであれば、どこまでを機械で省力化し、人的リソースの効果的な投入をどうする

かは、経営の根本ともいえるでしょう。

当時、水稲も行っていました。酒米として知られる山田錦と五百万石です。酒蔵の経営もしていた私は、冬場には杜氏と一緒に酒造りもしていました。そのとき話題になったのが、酒米として最も有名な、「酒米の王」と呼ばれる山田錦です。がぜん興味が出て、酒米の栽培に挑戦しました。山田錦はやがて日本で最大級の栽培面積まで広げることができました。その傍らで栽培を進めたのが五百万石でした。マーケティング的に商材の可能性を広げたい思いもありましたし、栽培として山田錦とどのような差があるのか検証してみたかったからという理由もありました（余談ですが、五百万石は、山田錦に首位を譲るまでは国内ナンバーワンの酒米でした。最盛期にはほんとうに500万石——1石はその昔、大人が1年間食べる量でした——を超えたことからこの名になったそうです）。

酒米の特徴は、粒が大きく柔らかで、心白（米粒の中心にある白く不透明な部分）が大きく、タンパク質や脂肪分が少ないほど醸造によいとされています。

山田錦は味にボリュームがあり、バランスの良い風味になるといわれています。また心白の大きさがほどよいため、大吟醸のように高精米しても砕けにくく、杜氏や蔵人にとって扱いやすい米で、イメージしたような味を醸しやすい米です。

もう一方の五百万石は、新潟で開発されたロングセラーの酒米です。心白は大きいものの、50%以上磨くと割れやすくなるため、大吟醸には不向きとされていますが、淡麗な味わいできれいな酒質に定評があります。

水稲は栽培の管理手間が多くなります。耕地面積を拡大させていたので、かなりの労力が必要でした。私は代表でしたから、基本的には農作業に関わる時間は少なめでした。それでも、水稲の農繁期は、栽培を始めた当初は夜中になるまでトラクターを動かしていなければならず、水稲の労力の大きさは身にしみました。とくに、苗を圃場に植え込む田植えの手間は大きな課題でした。

そこで、農耕機械の大手メーカーと連携し、鉄コーティング直播栽培による省力化に挑んだのです。

鉄コーティング直播栽培は、苗を育てず直接圃場に種籾を播種する栽培方法です。苗を移植する栽培方法と比べて育苗作業や重い苗箱の運搬が不要となるため、通常の方法より労働時間が60%も短縮できるといわれています。特に鉄コーティングは、種籾の表面に鉄の粉をコーティングし、表面が硬くなるため、鳥害の軽減や浮き苗の発生を防ぐことができますし、農閑期にあらかじめ種子に粉衣でき、長期保存も可能です。また、出穂期、収穫期が移植栽培より遅れるため、苗の移植栽培と組み合わせれば作期分散を図ることもでき、機械や施設の効率的な利用にもつながります。

この直播栽培で、かなりの労力は軽減されることがわかりました。

もうひとつ、鉄コーティング直播栽培技術の副効果がありました。五百万石は京都の農地で栽培していたのですが、肥料によって倒伏の危険がつきまとっていました。それが、鉄コーティングにしたことでしっかりとした根を張るようになり、倒伏のリスクも減りました。

鉄コーティングのメリットはつかめたものの、すべての圃場を切り替えることはできませんから、当然、通常の苗を移植する栽培方法の圃場の負担は軽減されないまま。これではオペレーターの負担が一時期に集中することは避けられません。

そこで注目したのが、田植えの自動化でした。

かつての田植えは、苗の一つひとつを手で植えていました。今でも農耕機械を入れられないような棚田などでは手作業が続いています。私も、グリーンツーリズムの一環で棚田の維持にも関わりましたが、どんなに体力ある若者でも疲れ果ててしまいます。

田植えはかつて家族総出の重労働でした。高度成長期になって田植え機が普及し、農家の負担は大きく軽減されました。田植え機は、乗用型の田植え機が一般的で、一部では機械を押しながら進む歩行型なども使われています。最近はさらにハイテク化が進み、自動で直進をアシストする機能がついた田植え機が登場しました。トラクターと同じようにＧＰＳを使って無人で走行するようになってきています。

この機能を基本に、本格的な利用が期待できるのが、可変施肥田植機です。稲は肥料をやりすぎると育ちすぎて倒伏が起こりますが、収穫時にコンバインで踏み潰してしまったり、受光の減少により品質が低下したりと問題が発生してしまいます。可変施肥田植機は、田植えと同時に圃場の深さや肥沃度を測定し、肥料の量を自動的に変えながら施肥ができます。センサーにより、土壌ごとに適量の肥料を撒くことができます。稲の育ち方が揃うため、収穫までの作業が効率的になります。また、適量の施肥により、育ちすぎで倒伏するのも防ぎます。

生産面積が広くなってくると、現実問題として、すべて手作業でやっていたらいくら人手があっても追いつかなくなってしまいます。農作業にこそ、人手を補うために最新のテクノロジーを導入すべきです。

葉物野菜は定植した場所から動かすことがありませんから、機械での自動化はしやすくなります。果菜類でも、イチゴやトマトなどでは自動収穫ロボットや、果実の成熟度をセンサーで自動判断するためのＡＩ技術などが開発され、実用化に向けた実証実験が進んでいます。

こうした流れは、「スマート農業」として、ＩＣＴを活用したセンサー技術や自動判別技術、ドローンをはじめとするロボット（無人化）技術を導入し、省力化や高品質生産を目指すようになってきています。私は、単なる農業の省力化や効率化だけでなく、テクノロジーによって浮いた力をマーケットへのアプローチに注ぎ、より付加価値を高めた売り方につなげていく必要もあると考えています。

第4章 人を育てる

農業ビジネスは、農作物の栽培管理だけでなく、組織管理も重要なファクターとなります。いくら素晴らしい生産のしくみがあったとしても、それを回す人材が育っていなければ「絵に描いた餅」。アグリハックは完成しません。

この章では、農業ビジネスの運営の要となる人材育成について、自主性の促しや問いかけの重要性などに触れながら、組織マネジメントを考えていきます。

農業ビジネスを現代の組織マネジメントにあてはめていくと、良い組織とはどういったものなのかという疑問にあたります。

売上を伸ばせる組織？それとも利益高？顧客満足度や従業員満足度？いろいろな指標が考えられそうですが、そういうポイントって、つまるところは良い組織の「結果」として現れてくるものです。ほんとうの意味で「良い組織」は、こうしたプラスの状況を持続させる力、発展させる可能性をもっていること。ポテンシャルです。この可能性のキーワードとなるのが「職場の自己再生力」だと私は考えています。

自己再生力は、自分で自分をまかなえる能力のことです。

組織というのは本来、その持てる力をフルに発揮できれば、常に自己再生できる潜在力を秘めています。組織のなかでさまざまな形で働いている力が機能しあえばものすごいパワーになるのですが、実際はどうでしょう。一人ひとりが一生懸命に努力しているにもかかわらず、結局は互いが足を引っ張ってしまうという残念な結果をもたらしている場面が多いことに気づきます。これでは自己再生する組織の力が失われてしまいます。

絶対的な悪と呼べるような特定の原因があればわかりやすいのですが、たいていの場合そうではないところに問題があります。みんな仕事のために、組織のためにと動いているのに機能していないのです。

例えば、リーダーシップを発揮している上司の現場をイメージしてみてください。

部下に課題をはっきり示し、明確な指示を与え、いつまでにやり遂げるかをコミットメントさせます。部下全員に対し、1対1でコミットメントを取り付けていきます。部下は与えられた課題を期限までにどうやってやり遂げるのか、自分なりに段取りし、各自の業務を遂行します。必要に応じてメンバーどうしの状況を共有しあいます。

この形は一見素晴らしく機能しているように見えますが、決定的に欠けているものがあります。なんだと思いますか。

もし、この上司がいなくなったら・・・きっと、あっというまにこの現場は求心力を失い、崩壊してしまうでしょう。部下たちは、管理者である上司の指示に従って動く体制になじんでしまっています。他のメンバーとは仲良くやっていますが、互いの行動を理解したり補いあったりしているわけではありません。きっとこんな感覚でしょう。――自分は自分の任された仕事を一生懸命やっていきたいし、それはお互いさま。大人なんだから、他の人の進め方に何かあっても多少のことは目をつむって付き合ってあげよう。とりあえずのご近所付き合いの感覚です。

仲が良いことと、組織として機能することは別次元。あなたの職場は、このような仲良し幻想のチームになってはいないでしょうか。

もちろん、管理者と部下の1対1の関係でコミットメントをとっていく方法が絶対に悪いと言いたいわけではありません。短期に工程管理を進めるセクションだと効果を発揮するはず。ただ、組織全体が有機的につながって事業の成果を高めるための持続性、発展性を確保するためには、もっと他のアプローチが必要です。

それが、先程の現場に欠けていたもの、職場の自己再生力を高める「自助力」と「自発性」だと考えています。

自助力は、組織に関わる個々人がもつスキルです。常に周囲の状況を感じ取り、そのときに必要とされているものに合わせて業態や職種、立場を変えながら、自分のもつ能力をさまざまな形で適応させていく応用力です。良い組織は、自助力をもった人たちが、互いの動きを補いあう形で自発的につながりあっています。

従業員満足度を勘違いさせた幻想チームから脱却し、各人の適材適所を見極め、自助力を最大限に発揮して自発的に行動できそうなところへ配置する人材マネジメントに切り替えましょう。自助力と自発性を高める働きかけで、組織は勝手に伸びていきます。

19, トレーニングとコーチングをしくみ化する

では、自助力や自発性はどうやったら引き出せるのでしょうか。

ヒントは、トレーニングとコーチングをしくみにすることです。

トレーニングは、自主的にスキルアップを行う訓練や鍛錬です。スポーツ選手や消防隊員が日常的に行っているものなどはイメージしやすいでしょう。農業ビジネスのなかにも、知識や操作の向上のためにいろいろな演習で上達を図るものがあります。私の事例でも、万一の事故が起こったときの対処として、GAP（Good Agri Caltual Practice）基準でマニュアル化されている手順などを学び、シミュレーション訓練や

ロールプレイング訓練などで習熟を図りました。トレーニングはモチベーションが高まっているメンバーにはとても効果があり、トレーニングの効果を認めればどんどん自発的に進めていくようになるでしょう。

一方のコーチングは、トレーニングの一歩手前の段階といえます。つまり、同じ目的に向かって意識を合わせられるように促す、モチベーションを上げて学びに取り組めるように仕向ける、といった具合です。気づきを与えて当事者意識をもたせ、自発的に行動するよう仕向け、小さな成功体験を積み重ねてモチベーションを高めていくような促しです。

トレーニングとコーチングの違いは自発性にあります。自らの積極性をもって学び取ろう、習熟し、極めようと志願してきている人へ応えていく場がトレーニング。本人が望んでいようと望んでいまいと行動を促すことによって、自発的に行動できる状況をつくっていくのがコーチングといえます。

メンバーは、それぞれの事情を抱えながらチームと関わっています。トレーニングとコーチングをどう使い分けてチームを率いていくのかはメンバーそれぞれの事情にもよりますし、そのチームがどのくらい続いているのか、何を目的としているのかなど、状況によってずいぶん異なってくるでしょう。運営者としては、少なくともスタッフの教育にはこの2つの大きな流れがあり、目的に応じて明確に設計を変えていかないと効果がなくなってしまうということは肝に銘じておきましょう。目的を取り違えたトレーニングやコーチングは効果が半減するばかりか、ミスマッチで満足度が下がったスタッフからの低評価が増えて負担感や不満が募り、他のスタッフにも広がって、組織としての信頼度を大きく下げてしまいかねません。

20, 問題は「そもそも発生している」と捉える

職場の「自己再生力」に必要な自助力や自発力を促す方法として、ここからは「チームの思考力」を考えていきましょう。

チームの思考力を上げるヒントとしてお伝えしたいのは、職場の中の「異質」に敏感になることです。

私が現場に足を運んでヒアリングしたときに痛感したのは「問題ありません」の返答ほど怖いものはないということでした。

管理する立場の者にとって「問題が起きました」という言葉は恐ろしくてあたりまえ、誰でもつつがなく進んでもらいたいと願います。問題が起きた状況は何らかの対処が必要で面倒な

出来事、できれば見なかったことにしたい。とはいえ問題は先送りすれば膨らんでさらに厄介な問題となるため、なるべく早く片付けてしまわねばならない。だから「問題があったときほど早く連絡せよ」というのが普通の感覚だと思います。

でも少し考えてみてください。このような気持ちになるのは管理者だけではありません。スタッフだって同じですから、「できれば気づきたくない」という心理が働いて、無意識のうちに、見えているのに認識しないという状況ができます。

組織を管理する側が促すときは、問題があったら報告するように指示するのでなく、どのようにしたら抵抗なく問題に気づけるようにするかというところがポイントになります。

このときに駆使したいのが「問い」の力です。

経営会議で幹部が素晴らしいアイデアを思いついた時に、そのアイデアを聞いた会議の参加者からは反対意見が出ないだけでなく、全員一致で「それはとても良いですね、すぐに実行しましょう！」と盛り上がったことがありました。でも私は口を出しました。

「異論がないということは、知的好奇心の放棄。必ず何かを見落としている。異論がないならでっち上げてでもいいから出してほしい。異論のない話し合いに意味はない。」

どんなに素晴らしいアイデアも、いざ実行となると、さまざまな問題が起きるもので、あらかじめ起きそうな状況を想定していれば素早く対処できます。想定以上の状況になったときでも、多角的にものごとをみていると、慌てて対処を間違えたりして余計に時間がかかるような状態を招かずにすみます。コントロールのきかない自然を相手にする農業ビジネスでは、工程管理でリードタイムを減らすよういくら工夫していても、必ず何かが起きます。一瞬の判断が命取りになるといっても過言ではないでしょう。ここが農業ビジネスで収益を上げていけるかどうかの分水嶺です。つまり、アグリハックでは「問題はそもそもあるものと考える」のが基本であり、「問題がない」ということがすでに問題なのです。

問題がないという状況は、「問題が見えていない」あるいは「問題を隠している」ことを意味します。現場へのヒアリングで、この2つの視点からアプローチし、できるだけ抵抗なく気づかせるよう問いかけてみましょう。

「きく」には3つの動作があります。聞く、聴く、訊く。この3つの姿勢を駆使して問いかけましょう。

現場の責任者を集めて「何か問題はありませんか？」と「聞いた」ところ、ぱらぱらと問題が挙がった後「他には特にありません」という答えが返ってきました。そんなはずはないだろうと具体的に「機械類の整備、ＧＡＰに準ずる倉庫の整理整頓具合はどうですか？」「正品率はどのくらい？」「生産計画通りに進んでいますか？」などと「聴いて」いくと、後から後から問題が浮かび上がってきました。さらに、責任者と一緒に作業場を歩きながら、「ここはどうなっていますか？」「この点はどうですか？」と深度を変えて「訊いて」みると、たちまち１００を超える課題が見つかりました。

こうやって「きいて」いくときに1点だけ注意してほしいことがあります。決して相手を追い詰める口調にならないように。傾聴の姿勢は忘れないでください。

21, いつでも「なぜ」と問い、気づいたら確認できる場をつくる

現場で働く人たちにとって問題発生は「想定外の出来事」であり、「できれば起きてほしくないもの」です。問題発生の兆候が目に映ってもなかなか気づけないものです。

一方で現場に毎日いる人だけが気づける違和感というものがあります。このセンサーを鋭敏にさせるポイントは、「なぜ」を問う習慣です。

農業ビジネスもプロフェッショナルの現場です。プロはひたすらこだわります。なぜこれが選ばれているのだろう。どうしてこのようなしくみになっているのだろう。うまく進んでいるときもずっと問い続けています。これを問う姿勢が、よく観察し、気づきを高める目を育てます。

農業の現場には1日とて同じ日はありません。自然環境も作物の特性も、作業する人間も、常に違った時間を流れています。ですが、ともすると人は共通するところを探し、いつもの状態だと考えたがります。脳内での情報処理の効率化を考えれば、見るもの聞くものすべてを別物と認識していたら行動しづらくなってしまいますから、「こんなものだろう」という状況把握や見込みは、行動心理学上でいえば当然のことです。

農業ビジネスとして一歩先を行きたいなら、この当たり前の認識に対し、「ほんとうにそうだろうか」「なぜなのだろうか」という問いを打ち立てていく必要があります。

私は現場に対し、よく「今問題がないなら、未来の問題を探し出しましょう」と促していました。どんなに平穏でも考えることを放棄しない。これが大切です。

もうひとつ、気づきを得るアグリハックのひとつに「問題が起きたら作業を止める」があります。

例えば、収穫した作物をパック詰めする作業など、多くの労力や時間を割く工程では、かなりの頻度でちょっとした不具合が出るものです。急いで出荷を考えているときなど、とりあえずの応急処置をしたら不良品は脇へよけておき、あとで精査しようと作業を先に進めていくことが多いのではないでしょうか。

しかし私は、問題が起きた時点でただちにすべての作業を止めるように徹底させていました。その理由は、問題が起きたことを作業した本人だけではなく、スタッフ全員に見えるようにして、問題の本当の原因を共有するためです。

不具合が起きても、その人だけで処理して進んでいけば、誰も問題に気づけません。誰も気づかなかった問題はなかったことになり、見直しの対象にもなりませんし、また他の人が同じようなミスをするかもしれません。誰かの起こした問題は、未来の自分の代わりにやってくれた気づきのチャンス。なぜ起きたのかを皆で考え、工夫の知恵を出し合うようにしようというわけです。

小さな不具合は格好の気づきのきっかけです。繰り返すことで作業はより良いものに改善され、出荷される商品もより良いものになっていきます。どんなに忙しいときでも、この気づきの機会は逃したくありません。これが「品質は工程でつくり込む」アグリハックです。

問題の共有は、生産現場の中に限らず、すべての部門において全員で共有するようにしましょう。部門を越えて共通すると判断したものは全体でも知恵を出し合います。問題を考えるときは、表面的なトラブルではなく、その奥に隠れる本質を突き止められるよう徹底的に調べることが重要です。私は、1つの問題が見つかったら、少なくとも5回の「なぜ」をぶつけてみようと促してきました。

このような姿勢をトップ自らが示し、スタッフ全員に浸透させていくことにより、すばやく気づいて自発的に動けるしくみが強化されていき、「自己再生力」の高い組織となっていくのです。

22, 思考停止を呼ぶワード「なるほど」を避ける

「なぜ」を5回繰り返すべきとお伝えしましたが、このとき交ぜてはいけないNGワードがあります。「なるほど」という言葉です。

「なぜ」の問いに対して答えが見つかったとしても、簡単に解決したと納得してはいけません。例えば、ある機械が止まったとしましょう。「なぜ機械が止まったのか?」と調べたところ、

ヒューズが切れていることがわかりました。ここで「なるほどヒューズだったのか」と対処して解決すると、そこで思考は止まります。

ほんとうに大切なのは、そこからあとの「なぜ」です。なぜヒューズが切れたのか、その状況がなぜ起こったのか、その原因はなぜ生まれたのかと、さかのぼることです。

「なるほど」は、納得感を得ることができる素敵な相づちですが、問い出しのときには要注意というわけです。「なるほど、しかしちょっと待てよ、それはなぜなのかな」という問いを常に持ち続け、「なぜ」をとことん繰り返すという姿勢を持ち続けましょう。

「なぜ」を繰り返す上で大切なことがもうひとつあります。「現行犯逮捕」の姿勢です。といっても、不具合を出したスタッフをその場で問い詰めろという意味ではもちろんありません。人と事象は切り分けましょう。ここで言いたいのは、「現地現物」の大切さです。

なぜだろうと突き詰める必要のある問いが出てきたら、現地に行って、現物を見る。可能なら問題の起きる瞬間を目撃するまで現場に張り付いて再現させて検証する。これが、人を責めないで人の行動を改善するいちばんの肝です。

ひとつ、「なぜ」の問いを繰り返した例を挙げましょう。

ある食品工場の出入り口のドアに小さな傷が見つかったことがあります。傷そのものはごく小さなものでした。塗装すればすぐに修復できる程度のものです。工場のドアですから傷のひとつやふたつ、作業をしていれば何かの拍子に何かが当たることくらいあるでしょう。誰も気にしていませんでした。いや、ドアに傷があることに気づいてもいなかったかもしれません。

しかし私は、「なぜドアに傷がつくのだろう?」と問いました。そして実際にそのドアのところに行き、傷の位置や大きさなどを確認しました。「なぜこの位置にこの大きさの傷がつく?」「どんなものとどんな動きがあったらこの傷になる?」まるで現場検証ですね。

問いを頭に置きつつ、私は工場で作業する人たちの動きをじっくりと観察しました。すると、ある作業者のベルトのバックルに目が留まったのです。大きさ、形状、腰の高さくらいの位置。「そうか、傷の原因はバックルかもしれないな。でも、なぜバックルが当たるのだろう?」私はさらに作業するスタッフたちの観察を続けました。すると、あるスタッフが通ったとき、ドアの傷の位置にバックルが当たる瞬間を目撃したのです。

そのスタッフは腰を使ってドアを開けており、ちょうどベルトのバックルがドアに当たることがあったのです。そこで私は「なぜあんなドアの開け方をしてしまうのだろう?」と問いを広げ、さらに観察しました。すると、作業スタッフたちが両手にコンテナを抱えるように持って運んでいて、ドアを開ける動作を短縮するために腰で押し広げていることがわかってきました。

私は工場の担当者と相談し、作業するスタッフたちへは作業のときの姿勢について指導を行うとともに、設備と接触しても傷をつけないバックルのベルトに統一し、作業着を新調しました。また、作業時に発生しているコンテナを抱える動きを改善して負担を減らしたり効率的にしたりできないか、作業工程の動線を見直すことにしました。

やりすぎと思われたでしょうか。しかし、農業ビジネスは乳幼児から高齢者までさまざまな人の体内に入る食品を製造し、販売します。たかがバックルですが、ぶつかって削れた金属物質が混入したら・・・「なぜ」を徹底し、問いを深める習慣は、未来の大きな事故を防いでくれるかもしれないのです。

23, 組織を膠着させる属人的評価は避ける

「なるほど」と同じくらいNGなのが「このくらいは想定内。仕方ないことだ」という認識です。

発生確率の低いエラーに対し、「イレギュラーは起きるもの」と割り切ってすばやく対応する臨機応変の態度は現場対応として必要なスキルかもしれませんが、対処した後も「たまたま起きたこと。対応できるレベルだったから想定内だよ」と考えてしまっては問題の本質が見えなくなってしまいます。

エラーは頻度で捉えないようにしましょう。発生確率の高いエラーは積み重なって影響も大きくなりますから誰でも早く取り除きたいと優先的に対応します。発生確率が低いものは後回しになりがちですし、そのままになってしまうものも少なくないでしょう。しかし、発生する頻度は少なくても一度起きたら大きな影響を与えそうな問題については、できるだけ早く解決策を考える必要があります。たまたま起きた小さなエラーが大きな問題につながる氷山の一角だったということもざらにあります。

「なぜ」の問いを、問題が起きたその時、その場で口にして皆と共有すべきだと言ったのもこのためです。めったにないエラーでも「なぜ起きたのだろう」「その原因はどこからくるのだろう」と「なぜ」を繰り返していくうちに、そのエラーのもつ重要性が明らかになってきます。

解決策の優先順位は、「なぜ」を繰り返して本質をつかんでから判断すべきです。

イレギュラーを「仕方ない」と思わないようにしたいのには、もうひとつ理由があります。農業ビジネスは工程管理を徹底させていくことで利益を上げていく必要があることは前章でお伝えしましたが、そのとき重要となるのが作業の標準化です。誰でも同じ水準で同じ成果となるよう、手順や導入するツールの操作を揃えて効率化を図ります。自然環境を相手にする野菜たちですから当然ひとつとして同じものは収穫されませんが、だからといって一つひとつ対応していると操作に慣れて一定の水準に達するまで時間がかかり、作業者のスキルに頼りっきりになってしまいます。いわゆる属人的な仕事になってしまうわけです。

京都の伝統野菜「九条ネギ」を出荷するための袋詰め作業で、自動包装機を導入したときのことです。現場指導に作業場に入ったところ、新しい機械を導入したわけですから操作に慣れた人間はいません。さてどうして作業効率を上げていこうか。

こういうときの基本姿勢はとても大切です。みなさんならどうしますか?

当時の農作業は、時給ではなく出来高で給与が支給されていました。作業の速い人が稼ぐしくみですから作業場の生産性は高く、熟練の人たちも沢山います。手っ取り早く効果を出すなら、自動包装機の操作に慣れた人を雇えばさっさと作業できるようになるでしょう。

しかし、このような作業場では、それぞれの培った技術が他の人に伝わっていきません。教えるために自分の手を止めたら稼ぎが減るからです。では、作業に慣れて即戦力になる人だけが集まったらどうでしょう。たしかに生産性は確保できます。でも、こうした作業場ではそれぞれが自分のやりかたにこだわっている場合が多く、新しいアイデアが出てきづらいため、その人たちのスキルの総和以上の生産性にはなりません。

また、属人的な職場ではいろいろな「スペシャリスト」が生まれます。互いに干渉しあって摩擦を起こさないよう（良く言えば尊重しあって）、よほどのエラーでない限り「このくらいはしょうがない」と目をつむりがちです。

いちばん大きな問題は、単純な成果だけで評価した現場だと、作業は速くないけれどきっちりと揃えてきれいにするのが得意な人などの良さがみえづらいなど、職場のスタッフの多様性を活かせないことで、自発性が育ちにくくなります。

自動包装機の新規導入では、私は、初心者でも効率良くできる職場を目指すことにしました。同機は九条ネギ以外の野菜にも使える汎用タイプで、野菜を変えるたびに調整が必要でした。

属人的な要素が残っていたわけです。

私は、作業のよくできる人とまったくの初心者の両者を雇いました。そして、作業のできる人の手順やノウハウを見える化し、マニュアルに落としました。また、作業に慣れた人が初心者を指導してノウハウを伝えられる編成にするとともに、初心者も含めた作業者全員がアイデアを出し合って作業効率を改善するＰＤＣＡサイクルを細かく回し、皆でマニュアルを更新し続けました。工程を標準化し、どんな人でも一定水準で操作ができるようにしたのです。このしくみを定着させることによって、生産を拡大させても人を集めやすくなります。

作業内容が見える化されたことで､操作の得手不得手に応じて配置を最適化する「適材適所」にもつながり、持ち場での自発性も高まりました。

第5章 リスクを管理する

自然を相手にする農業ビジネスですから、人間の手に負えない災害と背中合わせだという覚悟は必要です。私も、何度も心が折れそうになりました。自然災害への対応は工程管理でどうにかなるものではありませんし、こればかりは「仕方のない」ところかもしれませんが、それでもビジネスである以上、あきらめて何の手も打たないというわけにはいきません。

この章では、農業ビジネスを展開する上で避けて通ることのできない自然災害を軸に、リスクとの向き合い方、リスクヘッジのポイントについてお伝えします。

自分の力ではどうにもならない自然の脅威を思い知らされたのは、農業ビジネスを起こして試行錯誤が一巡しはじめた3年め、まさにこれからというときに遭遇した水害でした。

大規模水害は2年連続で農地を襲いました。先の年は9月。台風による大雨で、日本列島を縦断する形で進んだため、四国から北海道まで広く被害が出ました。翌年の水害は8月でした。お盆直後に発生した豪雨災害で、前年の傷も癒えないうちの出来事でした。河川が氾濫し、農地がたっぷり水に浸かってしまい、収量はひどいもので2割にまで落ち込みました。8割減の壊滅的な状況です。

起業から間もない頃に2年連続で水害に遭ったことは、ビジネス戦略の立て直しの転機となりました。リスクマネジメントの重要性を認識したのです。自然相手の農業ビジネスこそ、収益目的だけでなくリスク分散のために多角的な経営の視点が必要になります。

24, 農業ビジネスと切り離せない自然災害のリスクに学ぶ

収穫の大半が被災する事態に、それも2年連続でぶつかったわけですから、当然ながら私は災害の根本原因――なぜ水害が起きるのかという根源的な課題と正面から向き合わざるを得ませんでした。

近年の大規模水害は、地球温暖化によって台風や豪雨などの気象災害の規模が大きくなってきているといわれます。確かに、温暖化が進み平均気温が上昇すると大気に含まれる水蒸気量も増えます。前線に流れ込む水が多くなって降雨量がかさ上げされます。山肌で前線が停滞し、尋常でない量の降雨が集中する「線状降水帯」の発生も増える可能性があります。また、海面水温の上昇から台風の威力も増し、今後はまだ日本には来たことのない大きさのスーパー台風も上陸するようになるかもしれません。50年に1度のクラスの異常気象で発表される大雨特別警報が毎年のように発表されるなど、もはや大雨は常態化しているともいえます。

しかし、水害の原因は地球温暖化による降雨の問題だけではありません。山の保水力、つまり水源涵養機能が落ちていることも大きな原因となっています。きちんと手入れされた木々が育つ山の土壌は、木が成長するに従って地中に深く広く根を張ります。毎年落葉した枝葉は虫により分解され、腐葉土となっていきます。そして、ふかふかとしたスポンジのように多孔質でほどよく水分と養分を保ち、通気もよい最良の土壌を育むのです。このような保水力の高い土壌は、多少の雨が降ってもある程度は土壌の中に水を貯めておくことができます。日照りのときでも大雨のときでも河川に流れ込む水の量を一定に保つことができるのです。ところが、近年は山が荒れています。単一樹種の植林だったり山の手入れを放棄されたりして、根に力のない木々が増え、倒木や枯死した木がそのままになっているところへ大雨が来ると、保水力を失った山は木々をなぎ倒しながら崩れ落ちて土砂災害を引き起こし、里を襲います。一気に流入する水量を支えきれない河川は氾濫します。

里で行う農業と山林は密接につながっています。水害を受けて「なぜこんなに被害が起きるのか」といろいろと調べているうちに、環境という根源的な問題に突き当りました。

25, 環境調査×農業がビジネスの転機を生む

息子のアレルギーで苦労したこともあり、もともと環境に関心はもっていたほうでしたが、水害後はより深く環境問題を調べるようになりました。その縁で、自治体からの依頼を受けて山林調査にも取り組むことになりました。相次ぐ災害を受けて国主導で進められていたプロジェクトで、再生可能エネルギー資源の賦存量・推定利用可能量を調べるものです。被災した木の林地残材（山の中に残されている量など）の実態を把握し、チップやペレットなどのバイオマスにしてどのくらい活用できるのかを検討するための調査です。

この実態調査をきっかけに、環境に関する調査や分析などの事業も受託するようになってい

きました。主なものを挙げると、京都府再生可能エネルギー導入可能性調査、ビニールハウスでの木質バイオボイラー等のデータマイニング、賦存量の実地調査、旅館やホテルで木質バイオボイラーの導入意向調査・廃食油の活用、風力・小水力・太陽光の検討など再生可能エネルギー導入拡大施策の推進資料作成・・・さまざまな調査・分析を行いつつ、その結果を農業ビジネスにも応用できないかと検証する毎日でした。これらの調査を縁にして、単純に農業だけでは知りあえていなかったさまざまな領域の企業体や団体組織とのつながりが広がり、農業コンサルタントとしての事業も広がっていきました。

一方で、環境保全に踏み込んだ農業ビジネスの立ち上げにも挑戦しました。森の土壌を豊かにする落葉樹、くぬぎを使ったビジネスで、しいたけを栽培する菌床椎茸製造会社です。森林組合からおが粉（製材時に出る木の粉）を無償提供していただき、グループ企業の精米ぬかを使用して、低コストで菌床パックを生産し、流通させることに成功しました。また、その菌床を使った椎茸の栽培や、原木椎茸の栽培も行いました。

26, 農業ビジネスのリスクマネジメントを考えてみる

環境への働きかけは重要とはいうものの、目の前のビジネスを放っておくわけにもいきません。農業経営はビジネスですから、他の業界と同じように事業継続を考えたリスクマネジメントが必要です。

農業の場合、自然環境そのものを土台にしていますから、気象異常などの影響をまったく受けないビジネス基盤をつくることは困難です（絶対に不可能というものではないでしょうが、宇宙ステーションに栽培工場をつくるような現実味がないものになりそうです）。

事前に何の災害がどのような被害をもたらすかを予知することはできません。農業ビジネスのリスクマネジメントは、リスクを完全になくす対策ではなく、ある程度の被害が起きてしまうことを前提としたリカバリーの計画をたてておく必要があります。

大規模な災害が発生した場合に企業がビジネスを途絶させることがないよう、あらかじめ対策を考えておく計画を「事業継続計画（ＢＣＰ）」といいます。農業ビジネスも同様に「農業

BCP」を考えておく必要があります。

企業BCPでは次のような項目を洗い出し、自社の事業に合わせた対策を検討していくのですが、農業ビジネスも例外ではありません。

・リスク同定（どの災害がいちばん脅威となりそうか）
・主要施設の被害想定（どの程度の被害を受けそうか）
・発災直後の応急対応（被害を受けた直後の対処をどうするか）
・復旧までの工程と体制の整備（どうやって被害復旧や事業再開にもっていくか）
・事前対策（通信、バックアップ、代替方法など、あらかじめどのような備えをするか）

リスクマネジメントは、自分の農地でどのような被害が起きそうかを事実ベースで把握し、費用対効果のバランスをみながら備えていきます。ポイントは「客観的に」状況を把握すること。ここでもデータが威力を発揮します。

災害に遭ったあとハザードマップなどで調べてわかったのですが、実は農地近辺の地域はここ10年で3回も浸水していました。気象災害は地形や社会状況により同じような場所で繰り返し発生する可能性が高く、地域が抱えるリスクとして最初から把握しておくべきだったと痛感しました。

リスク対策は、想定された被害状況と事業方針によって、被害を完全に抑え込む「抑止」、被害は受けるが最小限にとどめてやりすごす「回避」、保険金など別の形でやりなおす「転嫁」、被害をそのまま受け止める「受容」の４つのパターンで計画をたてます。それぞれ損害の大きさと対処のしやすさで検討するのが通例ですが、農業ビジネスの場合、自然現象を完全防止する「抑止」は難しいため、ある程度の影響は受けることを前提に被害軽減を図る「回避」や別の展開を目指す「転嫁」を中心に、４つのパターンのバランスを考えます。

次節から、私がとったリスク対策をいくつかお話しいたします。

27，緊急的回避のための販売方法を思考してみる

被災直後は販売を立て直すことを最優先にしました。当時、農業生産法人への出資などでお世話になっていた方から道の駅の活性化を図るためのB級グルメイベントに出ないかと声をかけていただき、出店させてもらったのですが——ありがたいことにそのイベントではグランプリまで頂戴してしまいました——、ちょうどそのとき会場で「軽トラ市」が開催されていました。屋台代わりに軽トラの荷台を使い、産地の作物をディスプレイして販売しているのです。

私は「これだ！」とひらめきました。そしてその場で「そのアイデア使わせてください！」と直訴したところ、「どうぞ！」と快諾していただき、早速販売手段として水平展開させていきました。

軽トラックは、幌をつけて雨露をしのげるようにし、商品を並べたらその場ですぐに店を開くことができます。機動力抜群、取り扱う作物も市をそのまま載せてきたような、採れたての鮮度感を演出できます。せっかくなので、地元の高校生などにも協力してもらってダンスイベントなど、面白さや楽しさを全面に出したお祭りイベントをしかけました。もともとこういったイベントプロジェクトをやっていたバイヤーで、千人以上の関係者を巻き込んだフェスティバル開催なども手掛けていましたから、ティザー告知も万全。お手のものでした。

お祭りは大成功。人口3500人だった町に5000人の来場者を呼び、ちょっとしたニュースにもなりました。

この軽トラ市のイベントは、後に日経グループのメディアが取り上げてくれたこともあり、観光事業のファンドから依頼を受けて、現在の活動につながるDMOを動かすファンドマネージャーとして一歩を踏み出すことになりました。

28,「農地のリスクヘッジ」を考える

軽トラ市で外部に名前が出回っていたからかもしれませんが、ちょうどその頃、私を訴えると言ってきた地主がいました。「農地を借りる約束をしたのに地代を払わない」というのです。心当たりがまったくなく、直接会って詳しく話を聞きました。すると、同じ丹波地方でも京都府側でなくて兵庫県側の農地、まったく無関係の農業生産法人の話でした。当時私たちが運営していた農業生産法人は社員が40名ほど、アルバイトやパートさんを入れると百人を超える大所帯でした。活動が目立っていたため、丹波地方で大きな農業生産法人といえばここしかないと思いこんでおられたのです。

勘違いだとわかってとりあえずほっとしたのですが、よく聞くとその農地は車で行けば30分程度のごく近い場所だというのです。水害で大きな被害が出た農地の復旧もままならないし、仮に復旧したとして、同じ場所だとまたすぐに被災する恐れもあります。リスクが大きすぎるため、新しくまとまった農地はないかと探していたところに舞い降りたこの話、これはチャンスだと思いました。

「よければその土地、うちに全部貸していただけませんか？」

幸いその勘違いした農地の売買については、まだ約束の段階で本格的な契約の前だったため、その地主からそっくり農地を譲り受けました。周囲の農地も借り集め、3ヘクタール（3万平方メートル）のまとまった耕地となりました。起業時はたった3アール（300平方メートル）で始めた農地が5年で百倍になったのです。本社ごと新天地に臨み、さらに大きな展開を目指しました。

山地は、少し方角が違うだけでも風の動きや水脈が異なり、災害の発生状況も変わりますから、異なる場所に農地をもつのはリスク分散になります。あまり離れすぎる農地は作業効率とのバランスが悪くなりますが、同じ丹波の山であれば、多様性を確保しつつ移動のよさも確保することができます。

こうして私は、まず農地の広域分散というリスクヘッジを行えたのでした。

29, 「業態のリスクヘッジ」を考える

もうひとつのリスク対策は、多様性の確保。農作物の生産だけにとどまらない多角化です。つまり、農作物という素材をつくるメーカーの顔だけでなく、加工メーカーや小売業、宿泊観光などのサービス業といったさまざまな顔をもつことで、どれが倒れても支えあって生き残ることができるようにする戦略です。多角経営を事業拡大のために取り入れて身動きがとれなくなる経営者もいるのですが、私の場合はその逆で、生き残りの可能性として取り入れました。また、業態の多角化だけでなく事業の広域化、つまり外国への展開も図りました。

ただ、この多角化や広域化は、初めからそうしようと企画して賛同者や出資者を見つけ、事業化にこぎつけるという形で行ったわけではありません。何らかの形で私のところへ相談がもちかけられ、「面白そうだ、やってみよう!」と事業化が進んだものが大半でした。水害に遭う前から立ち上がっていたものもあります。本格的に意識しだしたのが水害後でした。いろいろなところへアンテナを張ってつながりをもっていたところから声がかかり、結果的に多角化が加速してリスク分散にもつながったという言い方のほうが実態に近いかもしれません。

さまざまなご縁で広がり、グループ企業化した事業はざっと14ほどでしょうか。

農業生産法人直下で展開した事業を簡単に紹介します。

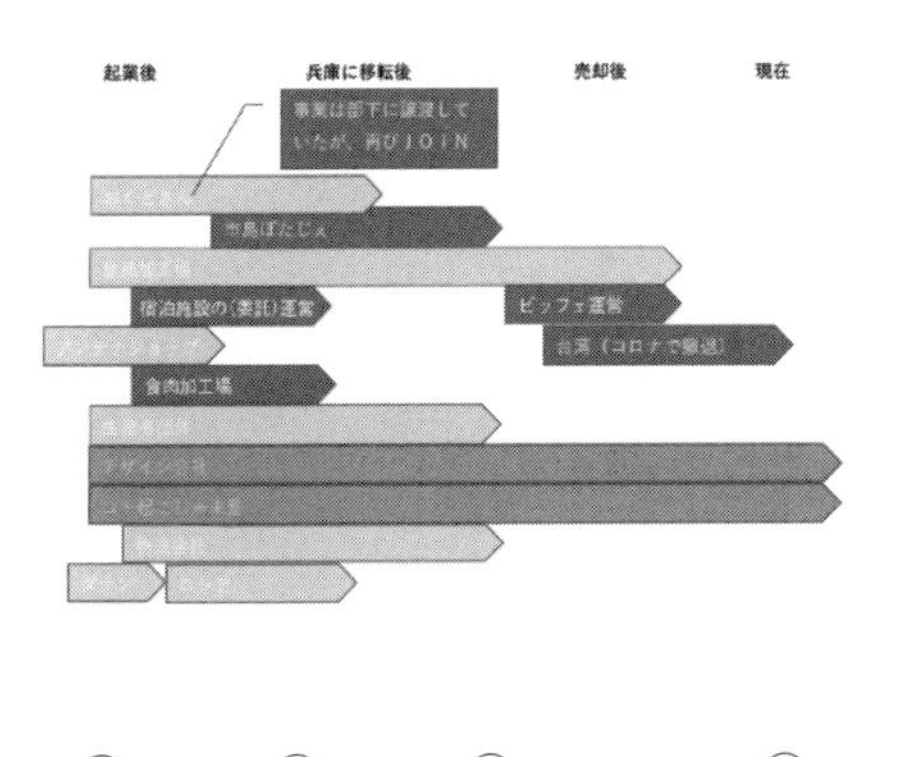

①B型就労施設（飲食店）「おくどさん」：農作物を料理にして提供する飲食店を設立

②B型就労施設（ハサップ認証の食品加工）：日本の農作物、加工食品の輸出（農林水産省フード・アクション・ニッポンアワード究極の逸品入賞）

③アンテナショップ：大阪市内にアンテナショップ「くら万」を設立、食材のブランディング向上

④生産者団体編組：全国の篤農家を組織し、農産物のブランディング、グループ内外食事業への販売

⑤地元の物流会社をM&A買収、物流網の最適化（買収初年度で黒字化に成功）

⑥ベトナム進出：おでん用大根の栽培

⑦ロシア進出：合弁企業設立
⑧デザイン会社（連結決算をする子会社）：業務連携していたデザイン会社とジョイントベンチャーを設立。包材をはじめとするプロダクトデザインや、Ｗｅｂ制作、Ｅコマースの業務を展開
⑨農家レストラン「市島ポタジェ」：ファーム・トゥ・テーブルのレストラン
⑩ホテルのビッフェ運営受託：日本国内のホテル
⑪農作物・加工食品販売：ジビエ食肉加工場の設立
⑫宿泊施設の（委託）運営
⑬スイーツ工房：台湾において工房を設立、スイーツを開発し、店舗へ卸す事業を展開
⑭コト起こし未来塾：業界構造やプラント建築まで幅広く関わりファンド組成など経験、インターンシップ生の受け入れ、地方での活躍の場や仕事へのやりがいを広め、優秀な学生の獲得を目指す

30, 農業ビジネスにイノベーションを！「スマートリスクコントロール」とは

前節でさまざまな業態への広がりを試みた話をいたしましたが、すべてが成功を収めたわけではありません。中には「これは見込みがない」と短期間に撤退を決めたものもありました。でも、どんなにうまくいかない事業があったときでも、それに足をとられて本体が傾くような

状況にはしませんでした。リスクのとりかたを心得ていたからです。

リスクは、何が何でも避けるべきものではありません。もちろん自然災害のような危機的状況は避けるに限りますが、あえてリスクをとるべきときもあります。新しいものへ挑戦するイノベーションを起こすときです。リスクは賢く選択し、コントロールしていくものなのです。すべての職業は、周囲の変化にどれだけ適応していくか、適者生存の世界で生き残りをかけて戦いを繰り広げています。生き物そのものの歩みといってもいいかもしれません。

変化していけない者に明るい未来はありません。新しいものに挑戦するときにとるべきリスク——ここでは「スマートリスク」と呼びます——を嗅ぎ分けて取り入れ、うまくマネジメントしていく必要があるのです。

では、スマートリスクをとっていくにはどのようにすればよいのでしょうか。

頭ではわかっていてもなかなか踏み出せないものですから、まずは体を動かしましょう。ヒントは第4章でお伝えした「なぜ」の問いをもつ姿勢です。

何度も「なぜ」を繰り返して本質を問い、新しいアイデアを追い求め、気づいたことに挑戦する。検証結果に対してさらに「なぜ」の問いを重ね、小さなＰＤＣＡを高速で回していく。

この姿勢を続けていくうちに、スマートリスクをうまく受け止める風土ができあがっていきます。

スマートリスクは、後に大化けする可能性を秘めているとはいえ、表向きはリスクであることに違いはありません。万人に正解となる形はないので注意が必要ですが、影響を受ける時間や財務状況、投入するリソース、プロトタイプが目指す条件などを指標に見極める力をつけましょう。

ひとつ注意したいのは、スマートリスクをとるときは「成功を競わない」ということです。誰でも、チャレンジしたら成功したいところですが、結果には運のような不確実なものも影響しますから、単に、成功したから称えるとか、失敗しても褒めるとか、そう単純なものでもありません。

「成功」「失敗」という結果を評価するのではなく、「リスクをとった」姿勢を評価しつつ、結果は冷静に「なぜ」の問いでプロセスを検証し、次の力にしていきましょう。

終章

これからの農業ビジネス

第1章から第5章まで、新規就農者の参入障壁や経営課題を事例に、経営基盤、経営戦略、工程管理、人材育成、リスク管理の5つの視点からみる農業ビジネスの要点——アグリハック——について、ビジネスとして基本となることと、農業として特徴的なことを整理してご紹介しました。

最後の章は、現在の日本が抱える農業の問題と少し先の未来の話をします。

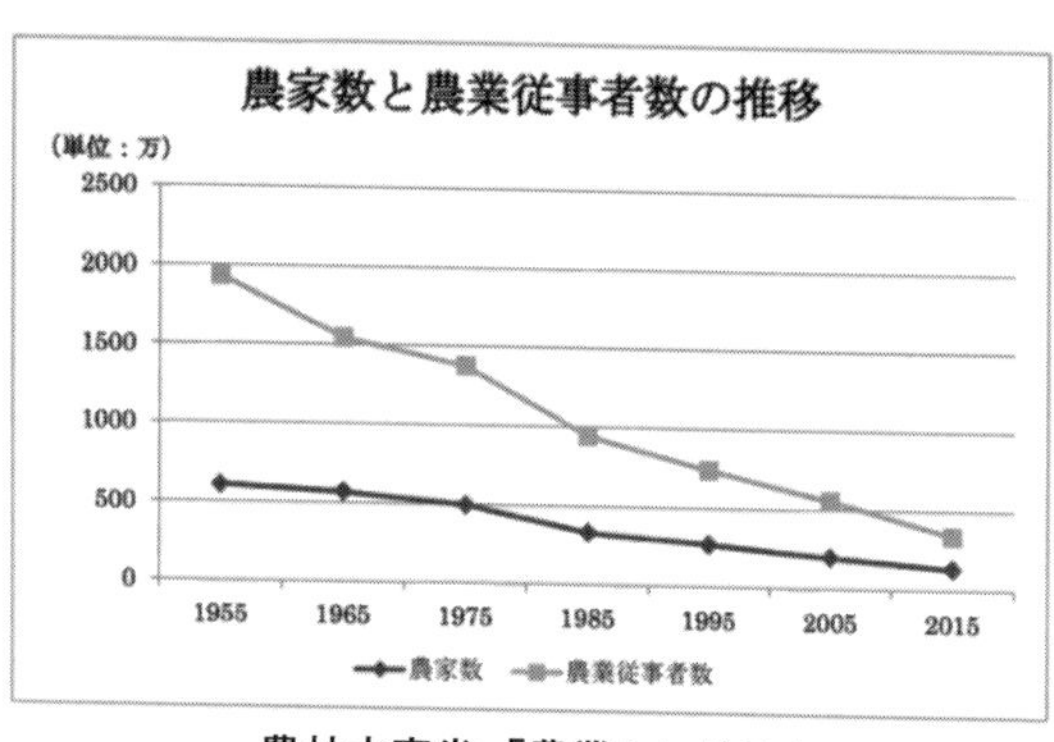

農林水産省「農業センサス」

日本の農業は「危機」にあるのか

「日本の農業問題」というワードを聞いたとき、何を思い浮かべるでしょうか。農業者の高齢化、担い手不足、農家の減少、耕作放棄地、低い自給率、衰退産業。ニュースなどを見ていると、このようなネガティブな論調で危機が叫ばれます。

実際、農家数と農業従事者数が減少していることは、データからも読み取れますし、ずっと右肩下がりだと悲観的になってしまうかもしれません。

しかし農業の現場では実のところ、高齢化や農家の減少、耕作放棄地や自給率などはまったく問題ではありません。減少傾向にあるとはいえ、日本の農業従事者は世界的に人口比率が高いのです。高齢化や農家の減少は、むしろプレイヤーの質的な淘汰ともいえます。やる気のある農家にとってはシェア拡大につながり、ポジティブに捉えることができるのです。

その他の社会現象についても、表面的にはネガティブにみえるかもしれませんが、事実ベースでデータを洗い、一つひとつ「なぜ」と深掘りしていくと、視点の角度を変えることでチャンスにもっていける点が数多く存在します。

農業の問題の本質は、むしろまったく別のところにあります。

安全と安心の本質を捉える

農業の本質とはなんでしょうか。農業は、食品として体をつくる素材の生産です。味や栄養組成もさることながら、体内に取り込んだときの安全性が鍵になります。

あたりまえじゃないかと思ったみなさん、では、世界でいちばん安全な作物をつくっている国はどこか、ご存じですか。逆に危険な作物をつくっている国はどうでしょうか。

安全と安心は似て非なるものです。「安全」はデータに基づき客観的に評価する指標をもちますが、「安心」は心理的評価であって主観に左右され、同じデータでも認識が異なります。

本来は並列に語られるべきではありませんが、「安心・安全な農作物」と混同して語られることがよくあります。

もちろん、安全の指標についても、「これさえチェックすれば良い」という基準はありません。特定の要素に対するリスクがあるかどうかを指標にする場合が多く、リスクが少ないと安全である可能性が高いと評価するといったほうが現実に近いかもしれません。

例えば農薬の使用を例に、データで「安心」と「安全」を考えてみましょう。


まず「安心」の捉え方についてご紹介します。

内閣府食品安全委員会が「食品に係るリスク認識アンケート」という興味深い調査を2015年に行いました。この調査は、食品安全の専門家が考えるリスク要因と一般消費者が考えるリスク要因との違いに着目し、食品安全に関する知識と認識に関する傾向をみたものですが、健康への影響もガンになる原因も、専門家と一般消費者とでは要因の認識に大きな乖離があることが判明しています。

例えば、一般消費者が高いリスクと認識しているものとして農薬の残留や食品添加物を挙げていますが、専門家はそれ以外の要因を挙げ、優先度の低いリスクと回答しています。

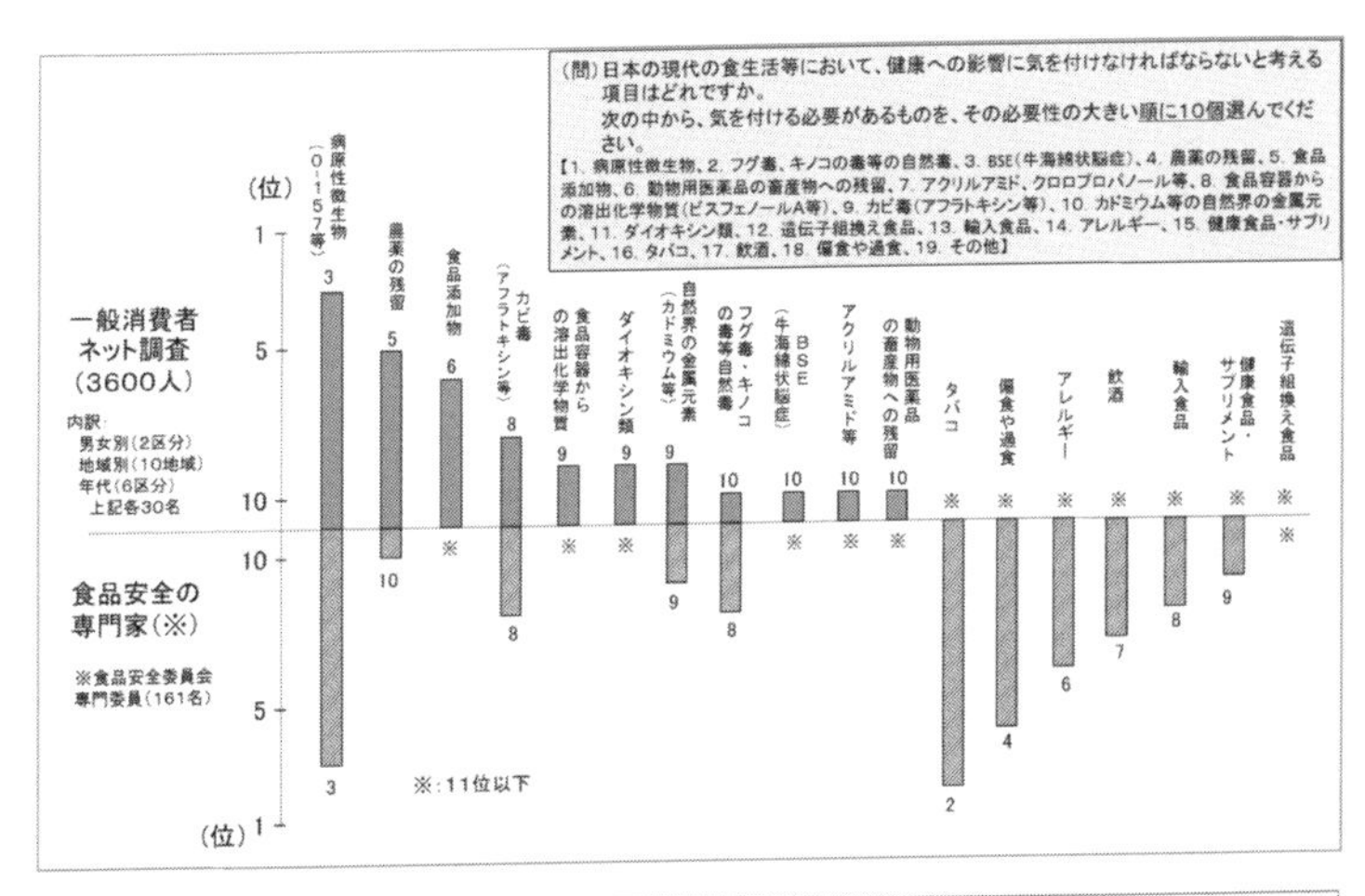

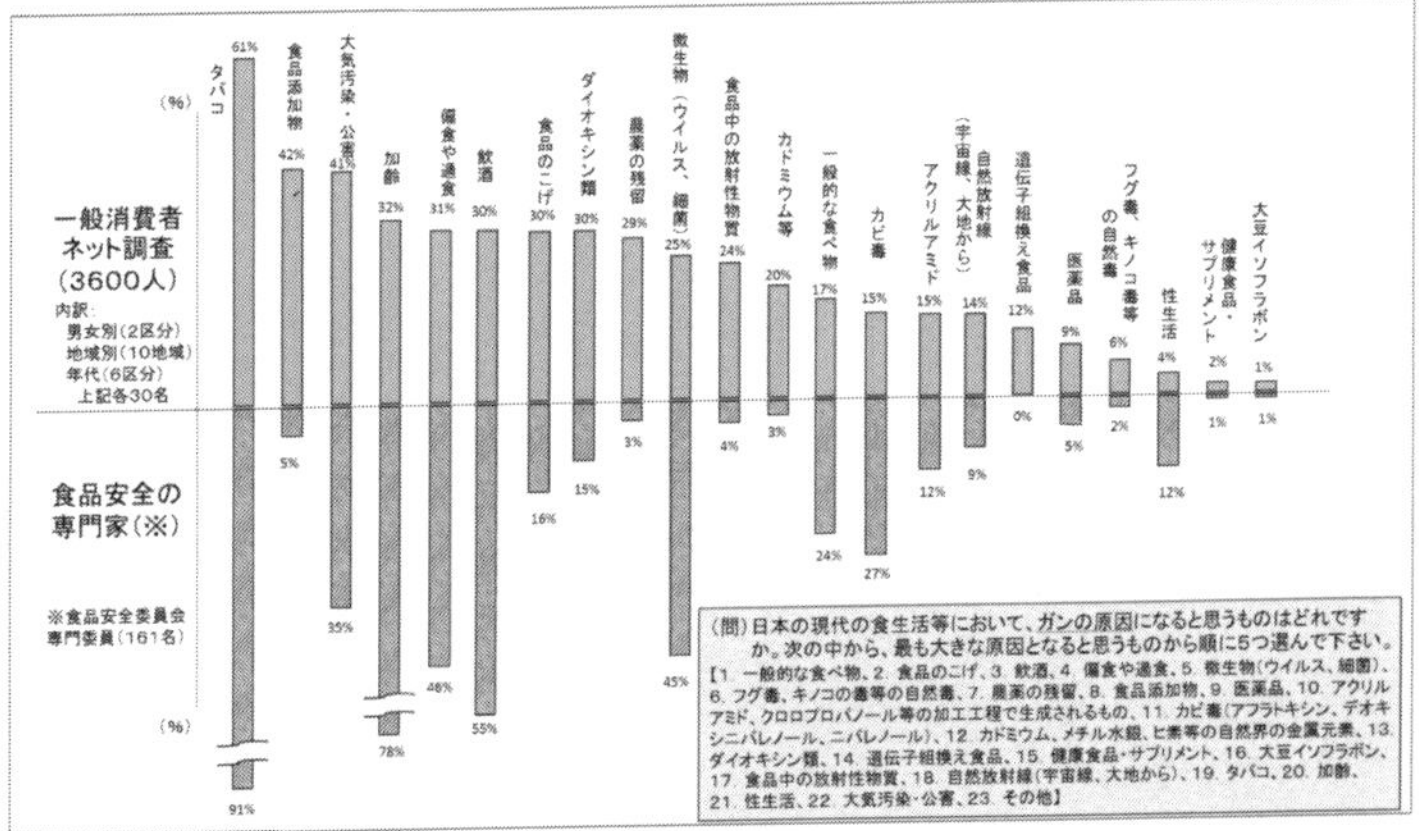

内閣府食品安全委員会「食品に係るリスク認識アンケート調査の結果について」（2015年5月13日）上：健康への影響に気をつけるべきと考える項目の順位（中央値）下：ガンの原因になると考えるものとして1～5位と回答した人の割合

一般消費者が漠然とした恐ろしさで安全性を認識し、「安心」という評価をしていることが読み取れます。専門家は安全性に関する知識から事象を細分化し、農薬や食品添加物などが与える影響を個別にまた客観的に捉え、総合的に評価した場合の優先度としては低く捉えているといえます。

現在の農業ビジネスで生産者・消費者の双方で勘違いしている要素の最たるものがこの「安心・安全」の捉え方ではないかと思います。

一般消費者をターゲットにビジネスを行う場合には、このギャップを認識しておく必要があります。商材としての農産物の品質は客観的なデータに基づく「安全」での品質を確保しつつ、売り込むときのストーリーは消費者の漠然とした「安心」に根拠ある安全の知識をプラスした真の「安心・安全」を訴求したものにしていかなければなりません。

もちろん、消費者をだまそうと言っているわけではないです。農薬は使えば使うほど残留成分の濃度は高まりますから、専門家の認識でたいしたことがないからといって農薬まみれになった作物を作ってよいわけではないでしょう。

問題は、日本の農業で実際に農薬をどのくらい使用しているかを正しく認識していないところにあります。

農薬を大量に使っている国がどこかを聞くと、たいてい「アメリカ」「中国」といった答えが返ってきます。逆に日本は農薬の使用が少なく国産に限る、という認識です。

実際のデータは異なります。FAO（国連食糧農業機関）の統計によると、日本の農薬使用量は農地1ヘクタールあたり11キログラム強と、中国の13キログラムと同程度の高さで、最も低いアメリカは日本の5分の1程度しか使用していません。ヨーロッパ諸国も日本より低く、イギリスは日本の4分の1、ドイツ・フランス・スペインは日本の3分の1、農業輸出国のオランダは日本の5分の4、環境先進国のデンマークは日本の10分の1、同じくスウェーデンは日本の20分の1となっています。EUは政策により意図的に農薬を減らしているので減農薬に成功しています。また近年躍進が著しいブラジルを見てみても、日本の3分の1ですし、インドに至っては日本の30分の1でしかありません。

他国でこのように農薬を減らしても可能である農業ビジネスが、なぜ日本では行えていないのか。問題の本質として向き合わなければならないのは、この現実なのです。

農業ビジネスの国際競争力

現代日本の農業ビジネスは「鎖国から開国」へという状況です。

実は日本の農業の多くは、1970年代からあまり進歩をしていません。技術革新の必要がなかったからです。もちろん農作業の効率化や省力化といった細かな部分ではIoTの発達や農業機械の改良に伴って進歩していますが、農業の構造そのものに変革といえるような変化は起きていないのです。

農村での農業の多くは、1970年代と同じ農法で栽培されています。化成肥料を軸とした昔ながらの「土づくり」をそのままに、50年前と同じように肥料をあげ、同じように水やりをして、同じ量だけ収穫しています。今の時代に1970年代と同じ方法でやっていけているビジネスなど他にはありませんが、なぜか農業だけ可能になっています。その理由はシンプルで、農業政策で保護され、国際競争にさらされてこなかったからです。

日本の農業は、第二次世界大戦が終わった後ずっと農業政策というところでは「鎖国」のような政策をとってきました。コメ７８８％、こんにゃく芋１７００％、エンドウ豆１１００％に代表されるような高い関税をかけることで、海外からの農産物を閉め出してきました。加えて、作物ごとに複雑な「規格」を設定し、外国からの参入のみならず、農協と付き合いたくない国内農家や新規就農者にとって大きな参入障壁となってきました。もちろん海外でも食料調達という点において保護政策がありますが、輸出という部分では厳しい競争にさらされており、海外ではここ30年ほどの間に農業の形が激変しました。栽培法に幾度も革命が起き、そのたびに世界最先端のテクノロジーが農業と融合しました。農業は国境を越えたグローバルビジネスとなり、カーギル、ブンゲなどの巨大企業が生まれ、世界の食糧をコントロールするほどの力を持つに至っています。昔ながらの農法をしてきた零細農家は淘汰され、消えていきました。

日本はというと、海の向こうの熾烈なつぶし合いを横目に、国内市場だけを見てきました。しかし、今後は違います。ＴＰＰにより、開国せざるを得ない事態になってしまったからです。ＴＰＰ（環太平洋パートナーシップ）は、太平洋を取り囲む11カ国の間で関税をほぼなくし、貿易を自由にできるようにする取り決めで、ＴＰＰにより、多くの関税が最終的には０％になることが決まっています。

ＴＰＰは２０１８年12月末に発効しましたが、その瞬間から日本への農産物の輸入は大幅に跳ね上がりました。

財務省貿易統計を見ると、例えばブドウでは、２０１９年1月以降、着実に輸入が増加しています。ＴＰＰ11（包括的・先進的ＴＰＰ協定）で17％の関税が即時撤廃され、２０１８年12月から２０１９年４月の間に１２％伸びました。特に、最大シェアのチリ産は、すでに日本とチリのＥＰＡ（経済連携協定）で４．３％まで下がっていたところへ関税がゼロになったため、60％という伸びになりました。

ＴＰＰによって価格競争が進むことは、消費者にとっては嬉しいことかもしれませんが、農業関係者にとっては脅威となります。日本の農業技術は国際市場ではまったく競争力をもたず、価格競争に参戦できない、農薬使用量も差別化できるほどのブランド力にならないとなれば、安くて品質よく、安全な海外産があると認知されて国産ものが売れなくなるのも時間の問題です。

ＴＰＰに加盟している11カ国は、オーストラリア、ブルネイ、カナダ、チリ、日本、マレーシア、メキシコ、ニュージーランド、ペルー、シンガポール、ベトナムです。これらの国の野菜と日本産の野菜との比較では、今は日本産を選ぶかもしれません。なじみの薄い国名の場合であれば、実際の農薬の量は日本産の方が多かったとしても、「国産は安全でおいしい。海外産はなんとなく農薬が多そうで怖い」という不安がまだ多くの消費者に残っていて、それほどの脅威にはならない可能性もあります。

しかし、これがもしヨーロッパだったらどうでしょうか。ヨーロッパとはＥＰＡが結ばれています。２０１９年2月より発効され、その影響がすでに表れています。例えば牛肉は7割近い増加で、麺類は４割増、水産品では魚のフィレが5割増となっています。特にマグロ、カツオのフィレは２．5倍以上、ブリのフィレも約2倍に伸びています。これからは、ヨーロッパから野菜や果物が押し寄せてくるでしょう。農産物の関税や非関税の「障壁」は4年から11年かけて段階的に取り払われていくものが多く、それに合わせてヨーロッパからたくさんの野菜や果物、キノコがやってくるようになるのは間違いありません。ベルギー産のトマト、フランス産のジャガイモ、スペイン産のブドウ。言葉の響きだけでおしゃれな感じがします。しかも、ヨーロッパは農薬の使用量が日本よりもずっと少なく、日本の3分の1から20分の1しかないのです。日本の物よりずっと安い上に、物流技術の発達によって、国産とおいしさは変わらず、農薬も少ない。消費者はどちらを選ぶでしょうか。

レストランなどの外食産業や持ち帰り食の中食ビジネス産業では、ストーリーで付加価値を高めるために「ヨーロッパ産」を利用する可能性があります。実際、すでにいくつかのファミリーレストランではそういう動きがあります。「イタリア産のポルチーニ茸を使ったパスタ」とか「ドイツ産リンゴのジュース」などのメニューを見たとき、「国産じゃないから嫌だ」と思う人は少ないでしょう。ヨーロッパから安くて品質のよい野菜や果物が入ってくるようになれば、再びイタリア料理やフランス料理ブームがやってくるかもしれません。

一昔前であれば、ヨーロッパは遠すぎて競争相手ではありませんでした。ですが今は違います。収穫後のポストハーベスト技術が急速に発達しました。市場競争にさらされて力をつけた最新のテクノロジーを使って日本よりもはるかに効率のよい工程で、使用する農薬の量もずっと少なく、収穫後の保存や運送技術も進んでいます。最先端農業でありながら、安全な環境で栽培され、消費者が安心できる作物を育て、しかも環境にも優しい。そのような、まったく新しい農業が発明されています。

「日本のものづくりは世界最高」という幻想を信じたまま思考が止まっていると、世界と日本の差はさらに開いていきます。もはや一刻の猶予もないのです。生き残れるか滅びるか、今はその勝負の分かれ目にきています。

日本の農業ビジネスが生き残る道

経済の側面からは日本の農業は周回遅れとなってしまった感がありますが、私はまだ勝ち上がれるフィールドを持っていると考えます。そのヒントは森の中にあります。

農業ビジネスは、産業のベースが自然環境に委ねられている事業であるという点において、他の業界と大きく異なっています。これまでのアグリハックで、生産効率を上げる技術改良を行いつつ、自社のポートフォリオを掘り下げて規模を拡大したり、集中させて密度を上げたり、事業展開の範囲を広げたりすることにより、単なる一次産業から二次産業にも三次産業にも広がる、いわゆる「六次産業化」への進化をご紹介しました。その根底には必ず農の営みを支えている環境問題があります。山林の整備、生態系の保護、土壌や水源の保全、そういった自然環境を改良し、農業が自然の循環の中で回っていくようにする事業との連携が不可欠です。一次から六次までを支える基盤の「ゼロ次産業」ともいうべき環境保全につながる持続可能な農業にこそ、日本の生き残りの道があります。

「環境問題は大切」ということに異論がある人はいないでしょうが、きれいごとのように聞こえるかもしれません。また、あまりにも大きな課題で手に負えるものではないと感じるかもしれません。それでも、「ゼロ次」つまり環境へ循環させる形を意識したストーリー戦略でビジネスを構築することが、これからの日本の農業ビジネスが生き残るひとつの光になるのではないかと考えています。

環境保全の問題は、いまや地球単位で検討されています。2015年9月の国連サミットではSDGs（持続可能な開発目標）が採択されました。国連に加盟する193カ国が2030年までの15年間に達成するための目標を定めたもので、先進国も途上国も含めた地球上すべての国に対し、経済環境、社会環境、自然環境の3つの側面で調和を求めています。

この中には、気候変動や海洋・森林汚染などの課題だけでなく、エネルギー問題や人々の健康・教育問題、働き方といった話も入っています。日本の農業ビジネスは、まさにこのような包括的な課題に対するひとつのプレゼンスとなるのではないでしょうか。

「森は海の恋人」をキャッチフレーズに森林保全の活動を行っている畠山重篤さんという方がおられます。宮城県の気仙沼で牡蠣の養殖業を営んでおられたのですが、海水と河川の水が交わる汽水域での水産に重要な養分が、河川の水源である森の豊かさにかかっていると気づき、水源地である岩手県の根室山に広葉樹を植樹し「牡蠣の森」と名付けて環境保全運動を始めました。東日本大震災で大きな被害を受けたのですが、寄付などに支えられ、今も積極的に活動しています。これは「海と山」の循環に着目して成功した例といえます。

みなさんの里山の循環にも、その地域ならではの特性を活かしたストーリーがきっとあります。ＳＤＧｓの軸で考えれば、自然環境だけでなく経済環境や社会環境との調和の視点でビジネス戦略を図ることができます。一次、二次、三次と展開する産業工程に取り入れられるものは、環境保全への循環だけでなく、エネルギーの循環や新しい働き方、地域の人たちの心身の健康や住まい環境の向上など、コラボレーションできそうなものがいくつもあります。また、消費者志向のマーケットで考えれば、食品の「天然神話」を覆すようなイノベーションも起こしたいところです。養殖技術の素晴らしさはもっと注目されていいはず。野イチゴと品種改良されたイチゴとではどちらが商材として生き残るだろうかという視点も鋭く持ち続けていくのが、農業ビジネスの生き残り戦略のひとつとなるでしょう。

おわりに

私は、「百姓」という言葉に可能性を感じています。現代では百姓という言葉は農業に従事する人を指しますが、語源は「百の姓をもつ者」。市民全体を示す言葉でした（諸説あるとは思いますが）。

「百」というのはたくさんの意で用いられ、たくさんの名をもつ人々、つまり一般の人たちを指しており、農業と限定されていたわけではありません。それが、江戸時代後半から明治にかけての間に農民を指すようになっていきました。

明治以降に産業形態が大きく変わるまでは、国内全体が田畑と森林で、ごく一部の階級を除けば誰もが農業に携わっていました。その多くは兼業で、大工や鍛冶、屋根、左官、畳屋、仕立屋、髪結、医者、薬師、商人、漁師、地元神社の神官まで、畑の合間に各人の得意を活かす形で営んでいました。また、一人ひとりの自助力も高く、誰もが農の傍ら、大工であり左官であり、仕立屋であり薬師であったのです。まさに「百のスキル」です。さまざまなことを一人で、あるいは家族で、そして地域でこなしあっていました。百姓は、地域を維持するために必要な仕事を自らまかなっていく「自己再生能力」をもつ人たちでした。

私は、この百姓が本来備えている「自己再生能力」こそ、先の見えないこれからの社会の中で重要な力になると感じています。

働き方改革で終身雇用も残業を前提とした労働も終焉を迎えつつあります。グローバル化や二極化が進み、ものすごいスピードで流行や商材が流れていくかと思えば感染症のパンデミックで世界的に自粛経済へ変わり、一気にドミナント戦略だ、リモートだと言い始める。これからの社会がどうなっていくかなんて、もう誰にも予測がつきません。

こんな社会だからこそ、本来の「百姓」の意味に立ち戻り、自己再生力を高めた生き方にしていきたい。自分で自分の糧をまかなえる百姓は、そのときどきの社会が必要とするものに合わせて七変化していきます。業態や職種、立場を状況に応じて掛け持ちながら、百のスキルを発動させていくわけです。

そして、その社会が持続していくための経済循環の根底に置かれているものが、生きる上で最も重要かつ不可欠な自然環境である事業、それが農業ビジネスです。自然環境の循環も社会経済の循環も包括して自己再生力を高めた持続可能な農業をビジネスにしていくことが、これからの世界で日本が生き残る戦略になります。

持続可能なビジネスの展開にはもうひとつ重要な要素があります。それは、関わりあう人たちのモチベーション。個の力です。まずは個人、自分自身の自助力を上げていきましょう。専門性は磨きながらも、幅広いスキルを発揮できるよう、個人の生き方に、持続可能な多角経営、「複属」の視点をもつことがポイントです。農業は手段のひとつにすぎないのです。

とはいえ、具体的にどうしたらいいのかと思うかもしれませんね。これに対しては、月並みな言い方ですが、とにかくなんでもいいから「好きなことに没頭する」ことではないかと思います。

モチベーションというと、お金が儲かることをイメージしがちですが、それだけでは持続できません。持続可能な事業、関わる人たちの生きがいとなるのは「喜びの体現」が鍵ではないかと思います。どんなに素敵な循環のしくみをつくったとしても、その運営に関わる人たちがつまらないと感じたら、尻すぼみになるでしょう。生産性を上げるのは心が踊るしくみです。専門性を活かした複属の人たちが活躍する社会を育てるには、寝て、食べて、遊んでといった価値観に向きあっていくビジネスが必要ではないかと思います。

いまは、丹波という中山間地を離れ、シンガポールなどを経て宮崎市の中心部でほどよい「ヒュッゲ」な暮らしをしています。ヒュッゲ（Hygge）とは、デンマーク語で「人と人とのふれあいから生まれる、温かな居心地のよい雰囲気」という意味をもっていて、他の国の言語ではうまくひとことで置き換えられない言葉です。

ヒュッゲは、デンマークの個性そのもののような雰囲気をよく表しています。一人ひとりが自分の考えをもち、自分のライフスタイルを大切にしているからこそ、他人を思いやるヒュッゲな気持ちが生まれると、デンマークの人たちは言います。

ここ宮崎も、人と人との距離がとても心地よいのです。これまで1年か2年で場所を移り、忙しく事業を展開する人生でしたが、ついに落ち着く場所を手に入れたと感じています。

農業法人のビジネスは、私個人では関わりきれないくらいの大きな事業規模になったため、会社を売却し、他の人に任せることにして次のステージへと移ってきました。私自身が、これからもずっと、しなやかな「複属」思考を持ち続けていきたいと思っています。

農業ビジネスという「専門」と、自然環境の中で「複属」の視点で暮らす生活が今、私の中では静かにとけあっています。キーワードは「コンフォータブル」。誰よりもまず自分自身が持続可能なように、喜びを体現する循環の生き方を体現していきます。

序章の「ときには逃げてもいい」の節で、アメリカに飛び出した話をしましたが、今でも常に日米を比較している自分がいます。私の中に、とても強い親米的な部分と、とても強い親日的な部分があって、その間を振り子がずっと振れてきたようなイメージです。

ずっと長い間振り子が振れているうち、少しずつ振り幅が小さくなってきて、最近では、ちょうど真ん中のあたりにきていて、今の自分と、自分なりの考えができあがってきたような気がします。

振り子が大きく振れていたときは、良くも悪くも、自分の居所がない感覚が強くありました。カマタヨシアキという存在、今の自分という意味では確立したものがあるけれど、もう「典型的な日本人」にはなれないし、日本的な考え方やものの進め方にイライラしている自分もいます。でも、だからといって自分は「アメリカ人」でもない。

宮崎に来るまで、ずっと居場所がなかったのだなあ、と感じています。ジョン・レノンの言う「国境なんて宗教なんてないよねぇ」みたいな世界観があって——現実は全然そんな簡単じゃないってわかっていても――どこか心の中で「どこでも生きられる人間になりたいな」と、他愛もないことを思ったり。自分の中で振り子が揺れるのを愛おしく感じていたりします。

これまでの数年、病気で苦しみ、思い悩んだ時期もありました。でも自分だけでなく、周りに委ねることで肩の力を抜き、新しい「複属」のステージへと向かうことができると実感しています。

一人では実現が難しくても、ネットワークを組むコミュニケーション文化があります。農業ビジネスは、本来的に「専門」×「複属」を体現する可能性に満ちています。

これからもさまざまな角度から循環ビジネスの持続可能性を追い続けていきたいと考えています。ぜひ、一緒に新しい可能性を探しましょう。

災害に強く、増収増益が続く農家の思考術
起業するなら「農業」をすすめる30の理由

2021年10月30日　初版第2刷発行

著　者　　鎌田　佳秋
発行者　　佐々木　紀行
発行所　　株式会社カナリアコミュニケーションズ
〒141-0031 東京都品川区西五反田1-17-1
TEL　03-5436-9701　FAX　03-4332-2342
http://www.canaria-book.com
印　刷　　株式会社クリード

ISBN978-4-7782-0472-3　C0034

カナリアコミュニケーションズの書籍のご案内

フレームワーク思考で学ぶ HACCP

今城 敏 著

日本で2018年6月に可決した改正食品衛生法。本書は、著者が長年HACCPを指導する中で培ったノウハウであるフレームワーク思考により、具体的に必要となる項目や手順を整理、体系化することにより、事業者ごとの課題解決や業務改善をする企業担当者の教科書となる一冊です。

2020年5月30日発刊
1600円（税別）
ISBN 978-4-7782-0468-6

中国茶の魅力を日本へ！そして世界へ！

大髙 勇気 著

中国茶のバイヤーとして成功を収めた1人の日本人。
茶農家と共に歩むことを決め彼が見た、日本人が知らない中国文化の真髄とは?異国に魅了された日本人が”中国茶”を次世代へと紡ぐ。

2019年9月30日発刊
1400円（税別）
ISBN 978-4-7782-0458-7

カナリアコミュニケーションズの書籍のご案内

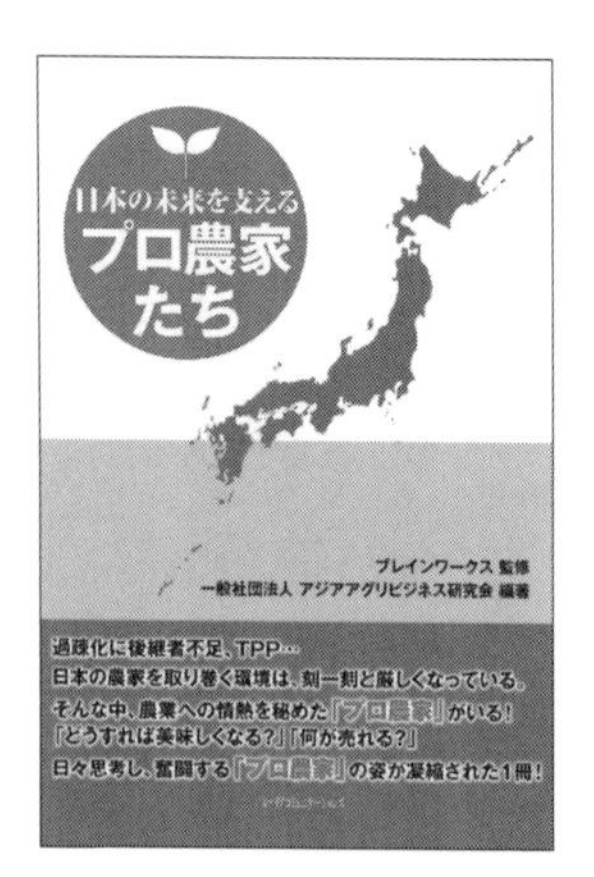

日本の未来を支える
プロ農家たち

一般社団法人
アジアアグリビジネス研究会 編著

衰退産業と思われるなかで、新しいビジネスモデルを目指して挑戦する農家にスポットライトを当て、これからの農業のあり方を問う。
過疎化に後継者不足、TPP…日本の農家を取り巻く環境は、刻一刻と厳しくなっている。そんななか、農業への情熱を秘めた「プロ農家」がいる!「どうすれば美味しくなる?」「何が売れる?」日々思考し、奮闘する「プロ農家」の姿が凝縮された1冊!

2015 年 11 月 30 日発刊
1200 円（税別）
ISBN 978-4-7782-0319-1

メコンの大地が教えてくれたこと
大賀流オーガニック農法が生み出す奇跡

大賀 昌 著

タイで、画期的なオーガニック農法で大成功をおさめた著者が教える、成功の軌跡とビジョンとは?
アジアで農業に挑戦してきたから語れる、農業のあり方が詰まった1冊。すでに農業に取り組んでいる方、またこれから農業に取り組もうとされている方々の指針となる内容です。

2012 年 7 月 13 日発刊
1500 円（税別）
ISBN 978-4-7782-0227-9

カナリアコミュニケーションズの書籍のご案内

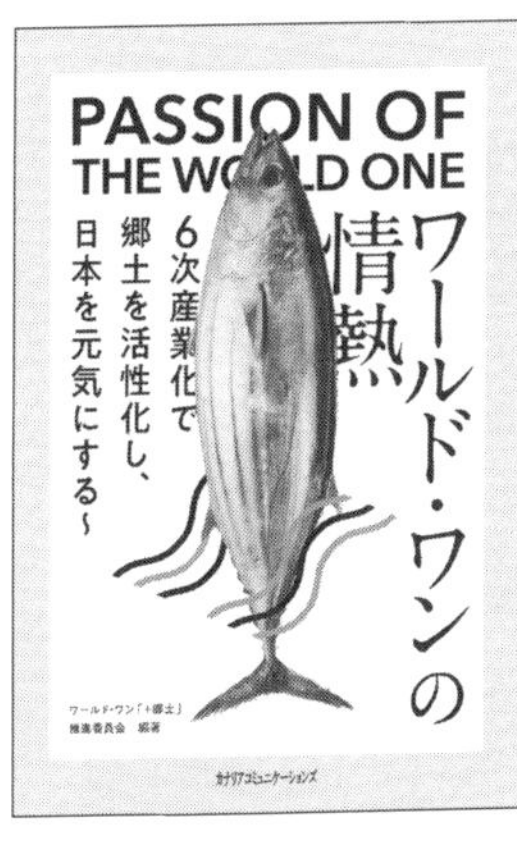

ワールド・ワンの情熱
次産業化で郷土を活性化し、
日本を元気にする！

ワールド・ワン「＋郷土」推進委員会　編著

6次産業化で外食産業に変革を巻き起こすビジネスモデルとは?
兵庫県神戸市を中心に大阪、東京で沖縄、高知・土佐清水、島根・隠岐の島、熊本、青森など各地の郷土料理の店舗を展開する「ワールド・ワン」グループ。その仕掛けと地方を活性化させるビジネスモデルを余すことなく公開!

2019 年 4 月 10 日発刊
1400 円（税別）
ISBN 978-4-7782-0452-5

食べることは生きること
料理研究家が、真剣に発酵と食育に
ついて考えた本

大瀬　由布子　著

江戸時代から続く日本の伝統食、発酵食品を食生活に取り入れて糀のパワーで元気に健康に暮らそう!!
ごはん、納豆、味噌汁、旬の野菜を毎日の食卓に。
この本では、現在の食生活の問題点、和食中心の食事こそ日本人にむいている食事であること、和食の基本形が完成したといわれる江戸時代からの知恵、和食のベースにある発酵食品を使ったレシピ、そして著者が携わってきた「食育」活動の一部を紹介。

2018 年 5 月 30 日発刊
1400 円（税別）
ISBN 978-4-7782-0434-1

カナリアコミュニケーションズの書籍のご案内

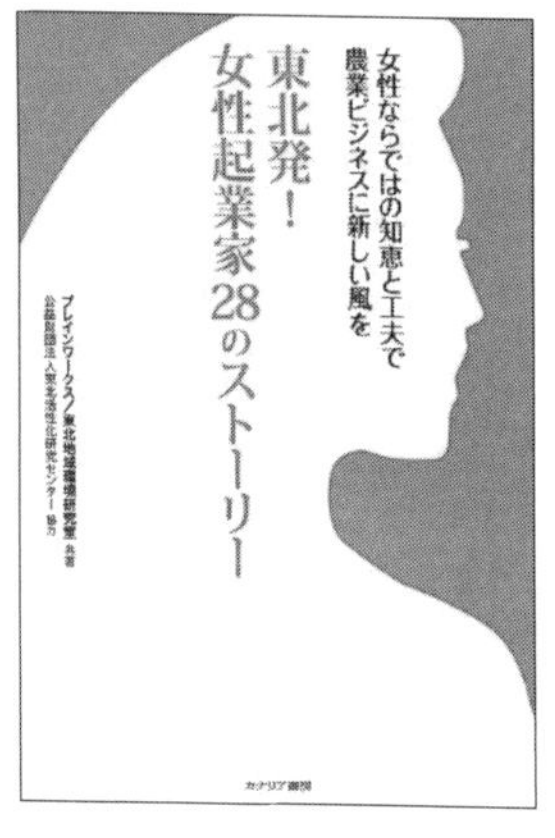

東北発！ 女性起業家28のストーリー

女性ならではの知恵と工夫で
農業ビジネスに新しい風を

ブレインワークス／
東北地域環境研究室 共著

震災復興、そして地域活性化のヒントがここに!!
東北の農山村で暮らす28人の女性起業家にインタビュー。農山村のよき風土を育みながら、起業をした女性たちの真実のストーリーです。それぞれの話に、震災復興のヒントが隠されています。

2012年6月15日発刊
1500円（税別）
ISBN 978-4-7782-0223-1

アジアで飲食ビジネス チャンスをつかめ！

ブレインワークス
アジアビジネスサポート事業部／
アセンティア・ホールディングス
土屋 晃 著

日本式フランチャイズ・ビジネスの強み、日本流ホスピタリティの強みを活かし、アジアという広大なフロンティアへ飛び出そう!アジアではまだまだ外食マーケットは開拓できる余地が残されている。日本流飲食ビジネスの手法で果敢にチャレンジすべし!役立つ情報満載!

2011年7月25日発刊
1400円（税別）
ISBN 978-4-7782-0192-0